现代医院建设系列丛书

医院改扩建交通组织研究

主编　冉　鹏　李竹琳　付光平

同济大学出版社
TONGJI UNIVERSITY PRESS
·上海·

图书在版编目(CIP)数据

医院改扩建交通组织研究 / 冉鹏，李竹琳，付光平主编. --上海：同济大学出版社，2024.12. -- ISBN 978-7-5765-1494-0

Ⅰ. TU246.1

中国国家版本馆 CIP 数据核字第 20244M2R57 号

医院改扩建交通组织研究

冉　鹏　李竹琳　付光平　**主编**

责任编辑　朱涧超　朱　勇
助理编辑　石　钰
责任校对　徐逢乔
封面设计　陈益平

出版发行　同济大学出版社　　www.tongjipress.com.cn
（地址：上海市四平路 1239 号　邮编：200092　电话：021-65985622）
经　　销　全国各地新华书店
排　　版　南京文脉图文设计制作有限公司
印　　刷　上海安枫印务有限公司
开　　本　787mm×1092mm　1/16
印　　张　7.25
字　　数　128 000
版　　次　2024 年 12 月第 1 版
印　　次　2024 年 12 月第 1 次印刷
书　　号　ISBN 978-7-5765-1494-0
定　　价　80.00 元

现代医院建设系列丛书编委会

主　　任　丁士昭

常务副主任　邢云梁

副 主 任　符　翔　杨　森

编　　委　（按姓氏笔画排序）

丁士昭　付光平　邢云梁　杨　森

杨明华　何哈娜　金桂明　符　翔

本书编委会

主　　编　冉　鹏　李竹琳　付光平

编　　委　（按姓氏笔画排序）

王　宁　王　侠　冉　鹏　付光平　朱汉德

刘志文　刘京安　孙　杰　李帅明　李竹琳

杨　柳　杨利凯　何　敬　张　伟　张志聪

陈仕华　赵　念　崔先斌

总 序

深圳从一个边陲小镇到成为具有全球影响力的国际化大都市，40 年来，伴随着城市的高速发展，常驻人口近 2 000 万人，迫切需要医疗卫生事业配套发展，以满足人民日益增长的高质量的医疗服务需求。自“十二五”社会发展计划以来，深圳市不断努力补短板，大力改善医疗服务质量。“十四五”以来，建成重点医疗卫生项目 14 项，完成投资约 70 亿元；在建重点医疗卫生项目 20 余项，床位数约 2.4 万床，投资约 500 亿元；拟建（未开工）重点医疗卫生项目 20 余项，床位数约 1.1 万床，投资约 200 亿元；研究型医院规划布局约 1.6 万床，投资约 200 亿元。其中包括引入中国医学科学院阜外、肿瘤等专科医院，成为国家区域医疗中心。

又好又快地建设高品质的医院，是深圳市区两级工务部门面临的巨大挑战。为此，深圳市建筑工务署总结多年来医院建设的经验，以设计为引领，编写了“现代医院建设系列丛书”（1—4 册），包括《医院设计要求研究》《医院建设与运营需求改善管理研究》《医院改扩建交通组织研究》和《医院医用气体工程建设与运维指南》。

医院工程设计是医疗机构建设的重要组成部分，它不仅关系医护人员和患者的工作与生活质量，还直接影响医院的服务质量和竞争力。本丛书旨在分析探讨现代化、智慧型、创新型医院工程设计的特点和要求，提出针对性的设计方案和建议。在丛书编写过程中，采用了多种研究方法和工具，包括文献综述、实地调研、案例分析等，对医院工程设计的各个方面进行了较全面深入的探讨。

本丛书不仅能够为医院工程设计的规划和实施提供参考，还有助于提高医院工程设计的水平，为医护人员和患者提供更加舒适、安全和高效的工作与生活环境。

由衷地感谢参与本丛书编写的同事、专家、参建单位的专业人员，以及支持和关注我们工作的读者和社会各界。深信通过共同的努力和合作，一定能够不断提升医院建设水平，为医疗服务事业做出更大的贡献。

序

随着我国社会经济的发展，人民生活水平的日益提高，人们对医疗水平和服务体验的要求也越来越高。深圳作为我国的一线城市，为了满足人们日益增加的医疗需求，大量的医院需要进行改扩建，交通组织方案在其中则扮演着重要角色。

深圳市医院建设用地紧凑，不得不在“螺蛳壳里做道场”，因此，医院交通问题一直以来是深圳市医院改扩建、城市交通管理的重点和难点。医院作为保障人民生命健康的重要场所，其改扩建不仅对医院自身的学科发展、功能升级、环境提升影响重大，对城市的发展建设也具有重要意义。从医疗需求上讲，深圳市医院由于医疗水平较高，在真正实现分级诊疗体系之前，仍将继续覆盖较大范围的医疗群体。在医院改扩建期间，若没有合理的交通组织方案，就诊车辆极易与施工车辆产生冲突，影响患者的就诊体验，也影响医院改扩建的进度。

本书主要针对改扩建医院建设期间的交通组织进行研究。与常规交通组织研究不同的是，本书侧重于医院改扩建期间院区内的交通组织。从区域交通、医院运营和施工组织的全局角度进行统筹分析，寻找医院建设期各时段院区内的交通组织保障策略；为建设期间的交通流线动态调整、出入口的适时开启、施工运输安排等提供合理化建议对策；在维持医院各科室正常运营、院内交通井然有序的前提下，最大限度地挖掘工程运输潜力；实现提高工程建设效率、保障医院医疗服务品质和水平的目的。

本书结合深圳市第三人民医院、香港大学深圳医院和深圳市人民医院龙华分院等具体的改扩建项目，系统论述了停车资源、交通通行时段、出入口、慢行交通、内部场地布置等交通组成要素对施工的影响，并给出了应对策略，通过深圳市第三人民医院具体的交通组织方案的提出，构建了交通组织方案合理性的评价模型。本书是一本实用性很强的深圳市医院改扩建交通组织指南，对相关从业者具有一定的参考价值。

杜志刚

武汉理工大学教授、

博士生导师

前 言

本书以深圳市医院改扩建为主要研究对象，对医院公共空间的使用、周边道路交通和院内交通组织等问题进行了全面调研，并剖析了与改扩建工程紧密相关的停车资源、出入口、运输车辆、动态流线等关键交通参数，提出了通用的交通组织对策。以深圳市第三人民医院改扩建工程为例，结合不同楼栋的施工进度、资源占用和运输需求等因素，提出了建设期各阶段的交通组织方案。通过建立指标体系，对交通组织方案进行等级评价，为交通组织方案提供了合理性依据，从而实现了交通组织方案决策的科学性和可循性。

本书共分为 5 章。第 1 章梳理了全国医院改扩建发展趋势，对深圳市医院改扩建近况和医疗发展规划进行了剖析，提出了在改扩建期间影响建设及正常医疗运营的若干交通因素。第 2 章分析了交通组织对医院改扩建的影响，进行了实地交通调查，查明了医院改扩建期各方所关注的主要交通问题，通过对 3 家改扩建医院内部交通的现场调查，对深圳市医院改扩建期间的具体交通问题进行了剖析。第 3 章先提出了适用于改扩建期间的交通问题的对策，再以深圳市第三人民医院改扩建具体工程为例，从建设时序方案的比选、施工建设期的交通组织、改扩建期间交通组织 3 个方面详细阐述了各阶段诸多交通因素对建设及正常医疗运营的影响，并提出了合理的交通组织方案。第 4 章对交通组织评价指标进行了筛选，确定了指标权重的计算方法，构建了医院改扩建交通组织方案评价模型，并以深圳市第三人民医院交通组织方案为实例，对方案实施前后的交通通行效果进行了评价。第 5 章总结了深圳市医院改扩建的交通组织方案的内容。

本书由冉鹏、李竹琳、付光平任主编。第 1 章由陈仕华、刘京安撰写；第 2 章由朱汉德、王宁、何敬撰写；第 3 章由张志聪、杨利凯、刘志文撰写；第 4 章由李帅明、杨柳、崔先斌、赵念撰写；第 5 章由李竹琳、张伟、孙杰、王侠撰写。

由于编者水平有限，本书难免存在疏漏和不妥之处，敬请读者批评指正。

本书编写组

2023 年 9 月

目 录

第 1 章　医院改扩建的发展

近年来，随着我国社会经济的增长和人民生活水平的提高，城市人口大幅增长，人民群众的就医需求呈现出次数增多、就诊目的多元化等新的趋势，出行方式也呈现多样化，如私家车、网约车等出行选择，这在一定程度上缓解了公共交通不能完全满足人们就诊需求的现况。但医院本身就是交通拥堵的易发区域，交通组织的难点区域。因此，对既有医院进行改扩建是适应这一趋势的必然举措。在医院改扩建中，既要保障工程建设的如期开展，又要保证医疗服务的正常运营，因此，交通组织的重要性就更加凸显。

1.1　医院改扩建概况

1.1.1　全国医院改扩建发展趋势

医院交通问题一直以来都是城市交通管理的重点和难点。医院覆盖了较大范围的医疗群体，就诊需求量的增加导致医院门诊供不应求，如图 1-1 所示。

图 1-1　医院门诊供不应求

从空间布局来看，位于城市中心区的医院，与区域的通勤交通往往存在较大重叠，存在扩建困难和配套设施不足等问题；从组织难度上讲，相较其他公共建筑，医院具有人员类型多、个体情况差异大、交通方式多样、流线复杂等特征，交通组织难度较大；从交通方式上讲，患者身体情况的特殊性决定了对小汽车出行依赖程度较高，加之医院本身服务范围较广，长距离出行中小汽车方式也占较大比例；从就医流程上讲，因就诊人数多而加长了患者的就医时间，导致对医院及周边有限交通资源的长时占用，交通设施整体效率低下；从建筑布局来看，建筑设计者通常多注重建筑的空间布局，难以实现最优的交通流线组织；从交通管理来看，医院内部多由内部物业进行管理，缺乏专业且多维的交通管理思维，医院外部则主要由交警管理，由于执法权、责任分担等因素，交警院内执法或医院内外交通管理衔接顺畅度仍需提升（图 1-2）。因此，医院的交通组织实则是一个系统性问题。

图 1-2　就诊高峰期医院区域交通拥堵严重

国家发展改革委、国家卫生健康委、国家中医药管理局和国家疾病预防控制局在共同编制的《“十四五”优质高效医疗卫生服务体系建设实施方案》中提及，“从供给侧看医疗卫生服务体系机构性问题依然突出。……二是优质医疗资源总量不足，区域配置不均衡，医疗卫生机构设施设备的现代化、信息化水平不高，基层服务能力有待进一步加强。”因此，在既有医院院区内进行改扩建，是破解医疗资源不足的重要措施。在医院进行改扩建时，交通组织是其中的重要内容。交通组织既关系到院区改扩建的顺利开展，也直接影响就诊就医的服务水平。在此背景下，本书致力于解决医院改扩建期间的交通组织设计问题，协调医院周边道路交通环境，使改扩建工程建设期对医院正常运营的影响降到最低。

医院改扩建是指医院在原有用地上进行包括拆除、保留、重建、改建和扩建的医院项目建设，也就是说除新址新建的项目外，其他在原址进行的建设都被称作医院的改扩建。其主要目的是在保留原有建筑功能的同时，进一步扩大医院规模，完善建筑结构，扩充医疗功能和辅助功能，重新构建新旧建筑之间的联系，并在功能上保持一致。

既有医院的改造、扩建是医院建设发展的永恒主题，也是医院提升品质的重要载体。自 20 世纪 90 年代以来，我国进入了医院建设的黄金时期，有关医院改扩建的工程项目，无论是数量，还是投资规模，在我国医院建设总量中都占据了相当大的比例，成为城市更新的一项重要内容。医院改扩建的发展动因主要有以下四个方面。

(1) 医院医疗服务规模的持续扩大，导致医疗空间需求日益增大，规模逐渐扩张，即医院发展的“生长性”。

(2) 随着医学科学的不断进步，大型医技设备的不断更新迭代，学科设置、诊疗方式、运营模式也都在发生着重大的改变，而原有的诊疗空间很难满足这些变化要求，因此空间的改造成为必然，即医疗空间的“新陈代谢”。

(3) 医院作为一种能耗特别巨大的特殊类型建筑，承担着重大的社会责任，节能、低碳、绿色环保是可持续发展的基本要求，也成为近年来医院改扩建工程中的必选项，越来越受到社会的关注和重视，即医院的“绿色发展”。

(4) 医院在提供高品质医疗服务的同时，为患者、家属、医护工作者创造更加便捷、温馨的疗愈、工作环境，逐渐成为医院发展的又一新的诉求，即医院的“环境品质提升”。“城市更新”逐渐成为中国城市化进程“下半场”的主题，需要对“上半场”大拆大建的快速开发模式进行反思和调整。对于既有医院建筑，乃至广义上的改扩建医院建筑来说，随着医疗技术的快速发展，医疗设备更新迭代，医学治疗手段日益精进，医疗空间也从单一诊疗空间转变为容纳预防、诊疗、健康管理等功能的复合化空间。人们思想观念的转变，也意味着其对建筑空间品质的要求在不断提高。

医院人员、车辆众多，交通状况与医院秩序、运行效率息息相关，同时还关系着患者的就医体验和院区环境安全。医院的改扩建势必给医院原有的空间、交通、停车等带来冲击，医院在改扩建的过程中应以整体的视角分析规划交通系统，并辅以明确的标识、精细的管理，打造流畅有序的院区内外交通。因此，解决好建筑间的交通组织问题就成了改扩建的重要任务。

近年来，全国各地相继出台了相关政策来提高医疗服务质量。广东省 2021 年发布的《进一步推动高水平医院建设发展的实施方案》提出：“在建设第一期 30 家高水平医院的基础上，遴选新增第二期 20 家综合或专科实力较强的医院进行重点建设，布局‘四个层级’，实现全省 21 个地级以上市高水平医院建设全覆盖，实现高水平医院分级分类科学均衡发展。”

表 1-1 所示为改扩建典型案例，从表中可以看出，深圳市医院的容积率较高，单床建筑面积普遍较低，这说明深圳市医院内部空间相对较小，呈现出建筑用地的节约集约特性，它导致院区内建筑布置较密集，改扩建期间的人群、车辆的密度大，凸显出交通导改难度之大；反过来，交通对于改扩建的制约作用也大。而同时深圳市医院的单床建筑面积较大，说明深圳市医院更能适应住院患者对就医的舒适性、人性化关怀的要求，也意味着在改扩建中，需投入更多的物资和设备进行运输，从而加剧了交通组织的难度。

表 1-1　医院改扩建典型案例

医院名称	占地面积（万 m^2）	建筑面积（万 m^2）	床位数（张）	容积率	单床建筑面积（m^2/床）
深圳市南山区人民医院	8.3	28.2	2 200	3.40	128
深圳市人民医院	13.8	21.3	3 000	1.54	71
深圳市第二人民医院	6.0	28.5	2 000	4.75	142
上海市第一人民医院	29.5	17.3	1 820	0.59	95
深圳市福田区中医院	1.8	10.3	800	5.72	128
深圳市第三人民医院	10	43	2 300	4.30	187
首都医科大学附属北京朝阳医院	10.28	21	1 396	2.04	150

1.1.2　深圳市医院改扩建近况

深圳市 2022 年发布的《2021 年深圳市卫生健康统计提要》指出，2021 年末深圳市全市拥有医疗卫生机构 5 241 家（不含深汕特别合作区数据）（不含 603 家非独立社区健康服务中心），比上年增加 555 家。医院 145 家。全市床位 63 990 张，其中医院病床 58 795 张。全市拥有卫生工作人员 139 781 人，比上年增加 7.3%。全年全市医疗卫生机构完成诊疗 11 422.62 万人次，比上年增长 26.9%。其中医院 8 719.14 万人次，妇幼保健院 824.81 万人次，专科疾病防治院 85.54 万人次，三者之和比上年增长 25.8%；卫生院 21.38 万人次，门诊部 468.34 万人次，个体诊所 459.46 万人次，企事业内部医务室 86.44 万人次，独立社康 757.50 万人次。全年收治住院患者 183.89 万人次，比上年增长 22.0%。

从每千人口拥有量来看，根据深圳市统计局公布的 2021 年末全市常住人口 1 768.16 万人计算，2021 年末全市每千人口床位数 3.62 张，每千人口卫生工作人员 7.91 人，每千人口卫技人员6.41人，每千人口执业（助理）医生2.58人，每千人口注册护士2.81人。深圳市医院和卫生院数量如图1-3所示。

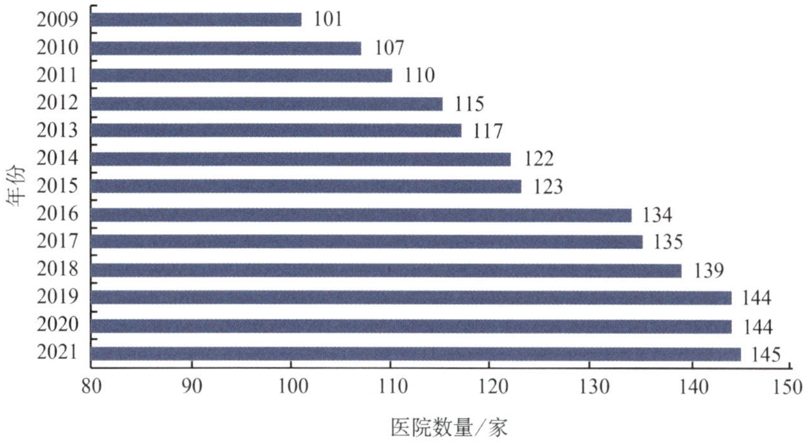

图1-3　深圳市医院和卫生院数量

医疗卫生事业发展是关乎各行各业发展的重要条件，对于经济发展、居民生活水平提升具有重要的社会效益。可从以下方面提升现有医疗机构的服务能力：①在必要的区域通过新建医院增加医院的数量，满足区域发展的医疗需求；②扩充现有医院的规模（床位数）；③通过改扩建工程，增加现有医院的内部及周边的床位数和门诊接待量。

在深圳市医院改扩建工程中，深圳市第三人民医院、香港大学深圳医院和深圳市人民医院龙华分院的改扩建，在对于所服务范围内医疗服务水平的提升方面具有典型意义。

1）深圳市第三人民医院

深圳市第三人民医院地处龙岗区李朗，始建于1985年，是由深圳市政府举办的一所“强专科，大综合”的现代化三级甲等研究型医院，是首家落户龙岗区的市属公立医院。医院占地面积19.84万 m^2，建筑面积22.3万 m^2，总床位2 608张。改扩建工程完成后，医院总建筑面积将达到64.3万 m^2，总床位将达到3 308张，是目前国内医院中设计最先进、设备配置最高的医院之一。在既有院区内，新建建筑具体位置分布如图1-4所示。

2）香港大学深圳医院

香港大学深圳医院是由深圳市政府全额投资并引进香港大学现代化管理模式的大型综合性公立医院。医院位于深圳南山区海园一路东侧，白石路与侨城东路交叉口西南侧，紧邻快速路滨海大道及主干道侨城东路、白石路。医院总投资约40亿元，占地面积19.2万 m^2，总建筑面积36.7万 m^2。医院现有床位2 000张，二期工程建设即改扩建工程

图 1-4　深圳市第三人民医院改扩建新建建筑分布

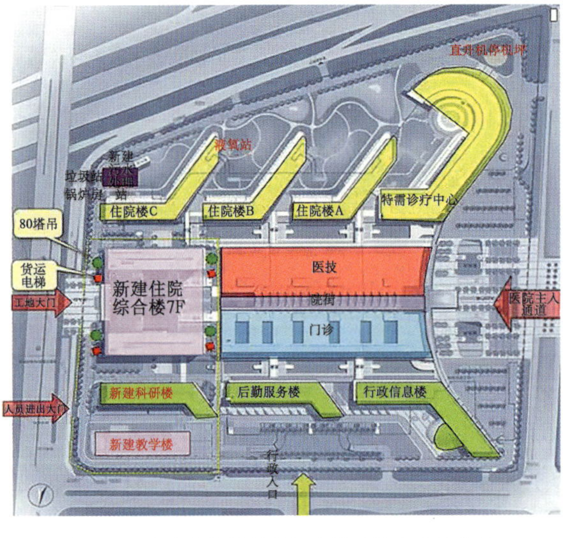

图 1-5　香港大学深圳医院改扩建新建建筑分布

完成后，将增至 3 000 张病床。新建建筑在既有院区内的具体位置如图 1-5 所示。

3）深圳市人民医院龙华分院

深圳市人民医院龙华分院位于龙华区龙华镇龙观东路，医院紧靠城市快速路，距地铁 4 号线 1.3 km，500 m 内有 10 对公交站，其中龙华分院右侧设置有龙华分院公交站，交通便利。南侧紧邻龙观东路，北侧与昌永路连接。医院占地面积约 1.5 万 m^2，总建筑面积为 188 341 m^2，容积率为 5.32，拥有现代化的门诊大楼、住院大楼、医技办公大楼、外科大楼、综合大楼以及立体停车场，设有门诊部和住院部，开设 300 张床位，在改扩建工程完成后，医院床位将增至 1 000 张，达到三甲综合医院标准。龙华分院新建建筑分布如图 1-6 所示。

图 1-6　深圳市人民医院龙华分院新建建筑分布

1.2　深圳"十四五"医疗发展规划

深圳市人民政府在《深圳市国民经济和社会发展第十四个五年规划和二〇三五年远景目标纲要》(以下简称《纲要》)中指出,"深圳经济特区诞生于我们党和国家把工作中心转移到经济建设上来的历史转折点,成长于波澜壮阔的改革开放时代大潮中。40年来,深圳始终牢记党中央创办经济特区的战略意图,坚持党的全面领导,高举中国特色社会主义伟大旗帜,解放思想、改革创新,勇担使命、砥砺奋进,在建设中国特色社会主义伟大进程中谱写了勇立潮头、开拓进取的壮丽篇章,为全国改革开放和社会主义现代化建设作出了重大贡献。"

《纲要》把保障人民健康放在优先发展的战略位置,深入推进健康深圳建设,深化医药卫生体制改革,加快医学科技创新,织牢公共卫生防护网,打造卫生健康事业创新发展高地,为市民提供全方位全周期健康服务。针对深圳市"十四五"医疗发展,《纲要》有以下规划:

(1) 扩大优质医疗资源供给。优化提升"医疗卫生三名工程",实施三甲医院倍增计划,推进高水平医院建设,完善医学重点学科建设体系,谋划建设国际医疗城。在肿瘤、心血管等领域建设国内一流、国际领先的专科疾病防治中心,在儿科、精神卫生科、神经外科、口腔科、眼科等领域建设辐射粤港澳大湾区的区域医疗中心。推动医疗资源均衡布局，加快推进新华医院、吉华医院、大鹏人民医院、第二儿童医院、第二人民医院改扩建等重大医疗卫生项目建设。推动社康服务体系扩容提质，推进社区医院建设，大力发展家庭病床、个性化家庭医生签约服务。到 2025 年，三甲医院达 30 家，新增国家（或达到国家水平）临床重点专科 5 个以上，每千人病床数达 4.5 张。

（2）完善整合型医疗服务体系运作机制。完善区域医疗中心与基层医疗集团间的分工协作、业务指导、双向转诊机制，构建医教研防管协作共同体。加强区域医疗中心对基层医疗集团、社区健康服务机构的技术指导，协同开展疾病预防、临床诊疗、健康管理、康复照护和安宁疗护，普及疾病筛查技术。完善基层医疗集团管理体制和运行机制，构建医院与社康融合发展的医疗卫生服务体系、医疗与预防融合发展的学科建设体系、全科与专科协同发展的分级诊疗体系。到 2025 年，社区健康服务机构总数达到 900 家以上。

（3）完善多元化办医格局。制定推动社会办医高质量发展政策，鼓励和引导社会资本举办高水平综合医院、特色专科医疗机构和社康中心。支持社会资本投资健康产业，举办医学检验、医学影像、健康体检等服务机构。完善医师多点执业政策，促进医师多点执业有序规范开展。积极引导社会资本设立高端医疗机构或参与国际化医院管理，推进互联网医疗服务发展，为市民和外籍人士提供多层次、多样化的优质医疗健康服务。加强医疗卫生行业综合监管，保障市民就医安全。

（4）强化公共卫生应急保障能力。制定突发公共卫生事件应急物资储备目录，完善突发公共卫生事件应急物资储备机制，建设公共卫生战略物资储备基地，制定大型公共建筑转换为应急设施的预案。加大突发公共卫生事件应对和公共卫生治理科研投入，提升公共卫生科技攻关能力，高标准建设国家感染性疾病临床医学研究中心、高致病性病原微生物研究中心、疫苗临床试验中心等基础平台。完善重大疫情医疗救治费用保障机制，探索建立重大疫情特殊群体、特定疾病医药豁免制度。

深圳市卫生健康委员会发布的《深圳市医疗机构“十四五”设置规划》指出：“坚持以习近平新时代中国特色社会主义思想为指导，全面深入学习贯彻党的二十大精神，坚持党的全面领导，坚持新时期卫生健康工作方针，坚持以人民健康为中心，将医疗机构设置规划作为贯彻落实健康中国建设总体部署、中国特色社会主义先行示范区建设意见和粤港澳大湾区发展规划纲要的重要抓手，与国土空间总体规划密切衔接，以优质医疗资源扩容和区域均衡布局为总体目标，以‘调结构、促整合、强基层、创一流’为主线，加强医疗资源供给侧结构性改革，促进医疗服务体系协调发展，转变医疗服务模式，增强医疗服务能力，让人民群众享受更便捷、更优质、更高效医疗服务。”文件中还提到了深圳市医疗机构“十四五”设置规划主要指标（表1-2）。

表1-2 深圳市医疗机构“十四五”设置规划主要指标

序号	主要指标名称	2025年	指标性质
1	每千人口拥有病床数（张）	≥4.5	预期性
2	每千人口拥有中医床位数（张）	≥0.7	预期性
3	每千人口执业（助理）医师数（人）	≥3.0	预期性
4	每千人口中医类别执业（助理）医师数（人）	≥0.62	预期性
5	每千人口注册护士数（人）	≥3.2	预期性
6	每千人口药师（士）数（人）	≥0.3	预期性
7	每万人口全科医师数（人）	≥5.0	约束性
8	每十万人口精神科执业（助理）医师数（人）	≥4.8	预期性
9	二级以上综合医院设置老年医学科的比例	≥60%	约束性
10	二级以上综合医院设置中医临床科室的比例	100%	预期性
11	二级以上综合医院设置感染性疾病科的比例	100%	预期性
12	二级以上综合医院设置重症医学科的比例	100%	约束性
13	三级医院（家）	≥55	预期性
14	三甲医院（家）	≥32	约束性
15	研究型医院（家）	≥10	预期性

科学可行的规划是实现城市可持续发展的重要导向，以经济特区为依托的城市规划，在深圳市高速发展中起到了举足轻重的作用。按照国家卫生健康委发布的《医疗机构设置规划指导原则（2021—2025年）》的要求，综合医院的规划布局为：“在地市级区域，每100万～200万人口设置1～2个市属三级综合医院”。规划期内，原特区内原则上不新增公立综合医院，原特区外新增公立医院单体规模原则上控制在1 500床以内，并根据实际情况分期建设。支持原特区内公立医院适当开展改扩建。支持市属医院集团化发展，在控制单体规模的基础上，运营管理新建市属医院，定向放大优质医疗资源效应。

按照《医疗机构设置规划指导原则（2021—2025年）》要求，“在县级区域，依据常住人口数，原则上设置1个县办综合医院和1个县办中医类医院（含中医医院、中西医结合医院、少数民族医医院等），民族地区、民族自治地方的县级区域优先设立少数民族医医院”。

中医医院的规划布局为:规划期内,在盐田区规划建设1家公立中医医院,指导大鹏新区南澳人民医院转型康复专科医院并加挂新区中医院,床位不少于400张,重点发展中医及康复专科特色。投入运营深圳平乐骨伤科医院(坪山区中医院)一期700张床位、市中医院(光明院区)一期2 000张床位。

推动市中医院针灸推拿分院在宝安区选址建设。支持南山区中医院(规划床位800张)、龙岗区第二中医院(规划床位1 000张)、龙华区中医院(规划床位800张)3个新建项目建设,支持深圳市中医肛肠医院(福田)、宝安区中医院、宝安纯中医治疗医院、北京中医药大学深圳医院(龙岗)4家中医医院改扩建。到2025年,全市中医床位不低于每千人口0.7张。

1.3 医院改扩建的交通影响因素

1.3.1 交通组织方式

广义的交通组织是指为解决交通问题所采取的各种软措施的总和。对于医院而言,交通组织可分为两个部分:内部交通组织和外部交通组织。内部交通组织要便捷连接各医疗功能模块,规划内部交通动线,控制具体的就诊流程,旨在促进内部人流、物流的高效运转;外部交通组织则如导管一般,与城市有机联系,将城市中各类交通因子导入院区,完成交通转换,并分流至不同功能组团,外部交通组织的有序进行是内部交通高效运转的基础。交通组织流程解构如图1-7所示。

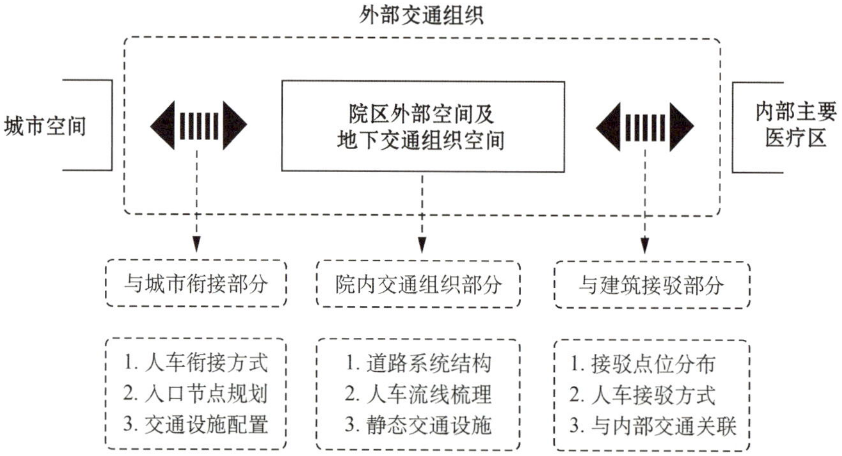

图1-7 医院交通组织流程解构图

医院作为特殊的公共建筑，由于科室众多，各种流线繁杂，其交通组织本身具有特殊性和复杂性。在高层医疗综合体中，其所包含的门诊、医技、住院等功能布局为纵向叠加的立体模式，这一模式增加了交通组织的难度。再结合医院改扩建，优化交通组织流线是重要的研究方向。有研究认为，医院内部建筑的功能定位与交通组织是“毛”与“皮”的关系——“皮”是功能定位，“毛”是交通组织，功能是静态的，而交通组织是动态的，只有通过动态的交通组织，才能使静态的功能设施发挥作用。在医院改扩建区域，为有效地分离不同性质的交通流，应分别对交通影响区域内的人流、车流进行交通组织，以减少人流和车流交叉干扰，同时，加强二者之间的衔接。可采取拓宽部分道路宽度、分离人流车流、在交叉口设置交通警示标志、在机动车出入口设置诱导设施等交通改善措施来实现。

对改扩建医院的交通组织而言，可分别从内部和外部交通组织两个维度，从宏观和微观两个层面剖析医院交通问题。片区交通综合改善措施，能够完善片区路段结构，优化交通组织，打通片区微循环系统，引导社会车辆与就医车辆的分流，从而减少医院进出通道的交通压力。通过停车诱导系统，再辅以科学合理的设计流线，来组织医院的人流和车流，能较好地适应开放式医院的需求。而医疗设施出入口设置的合理性则直接关系院内、院外交通组织的有序性。在医院出入口设置方面，为缓解医院出入口停车收费造成的交通拥堵问题，可从增加交通设施供给和提高出入口通行能力这两个方面入手，通过提高出入口蓄车能力、设计排队车道、增加收费卡口设置数量以及改善收费设备来提高通行效率，达到改善交通的目的。

1.3.2　交通量

目前，我国分级诊疗体系尚不健全，基层医院未能形成有效的患者分流，导致市级医院具有较高的患者吸引度，周边区域的患者纷纷涌入；再者，随着区域一体化发展的加快，市级医院更易吸引跨区域的患者就诊，交通量自然得以增加；同时，特大城市的人口集聚效应提升了城市人口基数，医疗需求增长成为必然，直接刺激了交通量的增加。由于一些医院修建年代较为久远，当时城市建设尚未完善，因此，交通规划不够合理，导致许多医院的周边道路及内部交通组织的服务水平无法满足当下剧增的交通需求。

在医院改扩建期间，对医院区域造成影响的交通量主要包括：①医院周边道路的交通量。医院多位于城市核心区域，周边道路交通压力较大，而就医高峰与城市交通早高峰重合，加剧了城市交通拥堵的问题，特别是医院出入口处车流相互干扰，进院车流排队溢出，占用市政道路随意停车，极易加剧城市道路拥堵。②医院内部空间的交通量。医院内部公共空间构建了医院不同区域之间的有效连接体系，对于提升医疗服务效率和质量，提供优质的医养健康环境起着积极作用。当改扩建期人流量急剧增长时，首先考验的就是医院的内部公共空间，即人流进入门、急诊等建筑内部的过渡联系场所；当改扩建期车流量急剧增长时，医院内部交通量过大，就会导致停车位不足、会车困难和车辆乱停乱放等问题，对医院改扩建工程的实施造成影响。

因此，院区和建筑内外环境的联系在改扩建医院建设期间至关重要，需要着重规划研究的是医院内部公共空间，包括院区红线邻近范围内、院区内外以及建筑室内外的中介连续空间、由外部交通道路直接联系的院前交通广场空间和院中活动广场空间，以及与广场相联系的架空活动空间。

1.3.3 停车设施

医院建设项目在设计阶段应进行交通需求预测，以便根据实际需求配建停车位。

医院是公共服务建筑，是城市人流车流的集聚区域，医院停车的布局一直都是城市和医院规划者与管理者面临的难题。一方面，在患者、探病人员和职工到达医院的各种交通方式中，小汽车比例较高，使得医院停车需求庞大；另一方面，医院可用于停车的区域往往较小，难以全部满足进入医院的机动车就近停车的需求。构建高效有序的医院停车管理制度，可以节省患者宝贵的就医时间，提升医院的整体服务效率。车位短缺、患者对车位分布情况不清、医院周边及院区内部道路复杂等原因，都使得医院停车问题日益严重。

另外，不同等级、不同规模医院的建设周期不同，深圳市医院因院区内占地紧凑，就诊人员数量多，医疗改善需求强烈等条件的制约，改扩建工程的规模往往较大，改扩建的建设需长期持续开展，这对改扩建期间医院的运营有很直接的影响。在现代社会背景下，医院已具有建筑物密集、规模较大、内部空间交错复杂、功能区域较多的特点，这主要是由于医院内具有很多功能不同但是关系密切的医疗功能组团，这些功能组团是遵循医院特有规律形成的，能够满足患者的就医需求、满足医院的运行经营需求，提升医院的服务效率与服务环境。正是因为这些因素的存在，会产生更多的交通吸引。所以，为了医院改扩建工程的顺利开展，需进行合理的交通组织。

第 2 章　深圳市医院改扩建期间交通问题调查与剖析

医院改扩建中交通所涉及的范围较大，包括人流交通组织、车流交通组织、物流组织及医疗流线等不同版块，同时，医院周边与内部的交通在很大程度上影响着医院的正常运转及周边居民的就医及日常生活。进行现场调研的目的是摸清对象医院的交通现状，为交通组织优化方案的提出、为交通组织方案的研究提供原始信息。全面透彻的现场调研，有利于提出切实可行的交通组织方案，为保障建设期的交通畅通提供依据。

在医院改扩建建设开工后，长期的医院建设将对院区内既有的人流、车流、物流产生直接影响。医疗空间的压缩将导致医疗流线发生改变。院区内道路和出入口设置的变化、车辆进出和停车流线调整等因素都会在医院建设不同阶段相互叠加，将对医院内部交通的秩序造成显著影响。本章通过对三家医院在改扩建期间的具体交通问题进行剖析，并提出应对策略。

2.1　交通对于医院改扩建的影响分析

2.1.1　内部人流车流及其交叉

交通组织运行畅通与否对于医院改扩建项目的建设环境有着重要的影响，也直接决定了改扩建项目的施工进度，因此，要分析项目施工将对哪些路段、交叉口以及人车通行区域的通道造成影响，存在哪些潜在问题，以便为后续的交通组织方案设计、交通管理措施的制定提供思路。

在改扩建期间，医院内的行人主要是患者或陪护人员，其心理状态必然与常人不同，大都存在一些焦急和不安的情绪。因此，院内车辆流线和行人流线应尽量减少冲突，车辆与行人流线发生冲突时应避让行人。根据医院建筑的不同特点，各医院的行人流线也不尽相同。有些大型医院的医疗组织比较发达，所有流程都无需与院内交通产生联系，这样行人与车辆的流线冲突比较少甚至没有，改善起来比较容易；而有些大型医院就医组织流程较为复杂，患者或陪护人员需要穿梭于各建筑之间，这样行人使用院内道路的频率较高，与车辆产生冲突的概率也比较大，改善起来难度就较大，就有必要对医院的就医流线进行重新设计和改造。

医院内部交通流线构成要素见表 2-1。

表 2-1　医院内交通流线构成要素

构成要素	流线分类	主要内容
车行交通流线	医疗车流	急救车流、后勤供应流线、污物车流
	访客车流	公交车流、出租车流、私家车流、网约车流
人行交通流线	患者	传染类与非传染类疾病患者的分流、普通患者与急重症患者的分流、患者与亚健康人群的分流、不同诊断阶段患者的分流
	医护与职工	医生、护士、行政人员、后勤保障人员、科研人员流线
	探视人员	患者亲友等健康状态正常的人员流线

医院改扩建期间，若内部车行交通与人行交通流线安排和区分不够明晰，人员与车辆的运转将杂糅在一起。如果缺乏完善的交通标志标线和行人专用通道，再加上受就诊人员心情急切、烦躁焦虑等不良心理的影响，极易出现行人横穿道路的情况，也易出现人车混行、人车冲突、车辆排队停车、车车冲突和交通秩序混乱等现象，进而严重影响就医环境，破坏医院正常的运转，不利于医院的安全发展。

在医院改扩建工程的基础和主体施工阶段，主要是工程材料的进场、基坑开挖渣土外运与医院人、车所构成的内部人车流交叉；在装饰和设备安装阶段，是改扩建工程后期，建筑主体结构工程已接近尾声，医疗设备陆续进场，这时应对之前预留的通道和空间进行核验，确保设备能顺利安装。通过对大型设备所需条件进行针对性优化设计，使建成空间环境处于可控状态，避免在运送内部装饰的材料和医疗设备时造成人流、物流流线拥堵。同时对候诊空间的人流组织、走廊和候梯厅等交通空间的通畅性与尺度等问题也要充分考虑，防止因人流量过大造成院内拥挤，妨碍正常就医。此外，由内部装饰和内部设备安装时产生的噪声、粉尘及其影响也是需要注意的问题。

2.1.2　停车位

在大型施工车辆持续不断投入医院改扩建工地的背景下，工程车占道和改扩建时部分楼栋停车位的无法正常使用，都导致了院内停车空间紧缺，给医院停车资源及停车秩序的管理带来了巨大压力。医院内部停车场的类别及其在改扩建期间可能被占用的概率见表 2-2。

表 2-2 不同停车场类别及其在改扩建期间被占用的概率

停车场分类	主要类型	改扩建期间被占用的概率
地面停车场	路侧停车场	高
	集中式停车场	中
地下停车场	坡道式地下停车库	低

在医院改扩建工程中,施工车辆吨位大、占地面积广,社会车辆停车空间紧缺,这些因素不仅使得室外地面层空间秩序混乱无序,还可能会占用急救通道,妨碍医疗系统的正常运营,人车混杂存在安全隐患,降低施工和救护车辆的运转效率。在建设施工期间,渣土车、水泥罐车、搅拌车由于运输土方和建筑材料等原因,很长时间都在医院工地与弃土场、混凝土搅拌点、建材运输点之间来回穿梭,与进出医院的来访车辆和医院内部通勤车辆、服务车辆、后勤保障车辆形成了交叉车流。在运输施工过程中,由于医院内部道路宽度一般不大,大体积的工程车辆会影响到同一条道路上车辆的正常行驶以及路侧停车,严重时会迫使双向车道上的车辆停下来,甚至掉头以便让对面来车顺利通行,这样就造成了停车难、工程车辆运输效率低的现象。当工程车辆停放在医院内部非施工区域时,也会占用大量的停车空间,如果停放在路侧,当对向有车辆驶来时,会造成部分道路堵塞,影响正常就诊和工程进度。

医院周边道路易在交通高峰期拥堵,院区内的空地也常被汽车停满,因此医院改扩建时要重点关注停车问题。停车场对于医院改扩建内部装饰阶段的影响主要是建筑材料、医疗器材搬运的物流流线,一方面由于部分医院内部道路往往较为狭窄,医院内部道路多为单行车道,装饰材料和医疗器械等运输车辆在运行过程中容易造成占道,使来访车辆和医院内部通勤车辆在医院院区内停车或者驶出停车场受到影响,从而影响正常的问诊和就医;另一方面,当运输车辆到达指定楼栋时,往往停靠在楼栋的一些出入口处,由于内部装饰材料和医疗器械卸载时间都较长,会影响到社会车辆、医疗服务车辆正常进出停车场,造成交通流线的拥堵,影响到医院停车场的正常运转。

2.1.3 出入口

医院改扩建工程的实施,将打乱院区内既有的交通流线。为了适应工程建设的要求,可能会在不同建设阶段，在医院院墙不同的位置开设出入口，以便于施工车辆的运输，这将给医院的正常运营带来不同程度的干扰。

在医院改扩建期间，不同阶段的施工运输需求均使得医院现有的出入口面临压力。在医院的改扩建基础施工阶段，院区内路段有着大量铲车、挖掘机、渣土车运输，这些大型车由于体积大，在一些道路狭窄的路段，后方行驶车辆不易看见前方的道路运行情况，这对于医院出入口及内部运行的社会车辆、医疗服务车辆和行人来说也具有一定的危险性。同时，医疗相关车辆在进出医院，尤其是早晚高峰期间，极易发生出入口的堵塞。当楼栋施工时，如果设置了围栏进行空间隔离，将使得原有进出医院流线发生改变，甚至需要重新开辟出入口作为医疗交通流线的补充。

在医院的改扩建主体结构施工阶段，由于水泥罐车、混凝土车、塔吊等运输器械的混入，院区出入口的交通状况较为复杂，车行空间通畅性直接影响人行路径的流畅性。出入口处交通流线主要分为人流、车流。入院人流一般分为院区外搭乘地铁的人流、距入口不远处的公交车站人流以及院区外部城市道路上人流，车流主要包括建材运输车及其他工程车、社会车辆、医护车辆。在早、晚高峰，出入口处的人流量、普通车流均较大，当建材运输车、其他工程车辆及其他车辆进出时间过于集中时，会造成道路拥挤和交通秩序的混乱，不仅易使医院出入口的局部交通暂时陷入瘫痪，严重时还会影响患者及医院职工的入院通行，并对该市政道路路段的畅通有序造成障碍。在装修与设备安装阶段，主要是大宗建筑材料、设备的进场运输，为便于直接到达所需使用和安装的建筑物内，往往会临时开设出入口，交通流线也会因此发生变化。

2.1.4 公共交通

公共交通系统与医院的接驳方式较多，包括轨道交通、公交车等。公共交通的特点是对于公共的资源占用少、交通适应性高，同时相较于出租车、私家车，其单体具有更大的载客能力，是就诊出行的主要方式之一。医院通常将公共交通隔离于外部进行交通组织，分为沿路临停式和集中集散式。沿路临停式是在院区周边紧邻道路设置若干公交站台，患者及相关人员搭乘公交车抵达站点后，下车沿城市步行道路进入医院。在此模式下，交通衔接的效率受到临停站点与院区出入口距离的影响。集中集散式主要是与快速公交系统(bus rapid transit)和轨道交通接驳。目前深圳市医院周围的公共交通以公交车和地铁接驳为主，公交车停靠站点均与医院相隔一定距离的地上空间，就诊患者及医护人员在进入医院这段距离就形成了人流。因此，在医院改扩建期间，需要考虑如何为公共交通提供更多的便捷措施，以便让患者和家属更加方便地到达医院，进而保障医院正常的就诊和探视的顺利进行。同时，还需要分析出入口处的公共交通流线如何影响医院出入口处的交通，如在医院改扩建期间，工程车辆左转或者右转进入医院时，会在出入口处借公交专用道驶入医院。需要保证在医院施工期间工程车辆、运输车辆的正常出入，使其有秩序地融入城市交通体系中，同时确保医院医疗系统正常的运行。

2.1.5 慢行系统

前往医院的慢行方式有两种，即步行和非机动车。由于路侧开口处机动车及非机动车的不规范停放，易导致人行系统及无障碍系统的不连续。如今共享单车逐步替代其他交通工具成为中短途的主要出行方式，但由于缺乏有效的管理，大量的共享单车被停放于人行道、车行道内以及路口转弯人行道上，易造成行人通行空间不足以及路口车辆通行不畅。

在医院改扩建期间，工程车辆的加入，使得医院出入口以及医院内部的交通运行情况更加复杂。当行人和骑共享单车的人群通过医院出入口或者行人在医院内部来回走动时，由于与通行车辆交汇，容易发生交通堵塞甚至人车的安全事故。这不但迫使机动车减速停车，阻碍机动车的正常驶离和驶入医院，还会间接造成施工进度的延误，也不利于急救患者和救护车的通行。

2.2 交通调查方法

2.2.1 调查方案及范围

调查方案的制定，应针对深圳市医院改扩建的特点，最大程度地了解和认识医院现状、医院建设期的不同特点，以及使用者、运营者及周边居民对医院内部和以医院为中心的区域交通的影响和需求，精准确定影响人群，科学布局调查点。通过调查，力求得到较为真实的医院建设影响区域内的交通状况，从而发现其中需继续改善的问题。

本次调查的范围包括三家医院，分别为深圳市第三人民医院（后文简称“市三院”）、深圳市人民医院龙华分院（后文简称“龙华分院”）、香港大学深圳医院（后文简称“港大医院”)。调查针对的是上述医院在改扩建期内的交通问题。现场交通调查情况如图 2-1 所示。

图 2-1 改扩建医院的现场调查

2.2.2 调查方式及内容

1. 交通调查方式

(1) 交通设施调查。医院周边关键位置交通量及具体车型信息,定量、定性数据的收集、分析。

(2) 问卷调查。采用纸质调查问卷,以对象医院为中心,在医院及周边范围发放问卷、询问调查。

(3) 施工场地内部调研。

(4) 医院周边特殊交通参与者的调查。

(5) 医院周边执勤交警的沟通调查。

医院内部的交通调研主要采用现场勘查与调查问卷相结合的方式。

2. 调查时间、地点

交通调查的时间为 2018 年 7 月 15 日—2018 年 8 月 15 日，包括每日的 7:00—8:00、17:30—18:30 各 1 小时，该时间段在工作日为早晚高峰。

根据获取交通数据的便利性，选择的调查地点有医院门诊服务大厅、医院原状建筑、医院停车场、医院休息区及休闲绿地区域、医院邻近的公交和地铁出口，以及途经医院出口的附近路段。调查地点分布如图 2-2 所示。

图 2-2　现场调查地点的分布

3. 调查人群

针对与建设期的医院交通问题关系密切的人群，进行详细的调查。这些人群包括：医院工作人员、住院患者及家属、探视人员、出租车和网约车司机。

(1) 医院工作人员包括医生、护士、行政人员等，交通状况对这类人群的影响比较大，因为他们需要在规定的时间内到达医院，对交通速度的需求明显。

(2) 住院患者及家属、探视人员：患者和家属是医院的主要服务对象，他们需要在短时间内到达医院，并在治疗期内需要多次往返医院，所以这类人群对交通的便利性非常关注。

(3) 出租车和网约车司机最为关心的是在医院及周边道路的上下客是否便捷，能否长时间停车，有无排队车道或区域的设置等。

4. 现场勘察

调查内容包括医院外部的道路通行能力、红绿灯配时、利用现场资料统计获取数据、公共交通、慢行交通的现状及规划，由专人现场实地勘察完成。

医院内部的交通调查应与改扩建项目的设计资料结合，并通过现场实地调查的手段来获取基础资料。市三院交通状况现场调查如图 2-3 所示。

(a) E栋基地原貌　(b) 污水处理站

(c) 现场布置　(d) 施工主干道

图 2-3　市三院现场勘察情况

5. 调查问卷

医院改扩建交通调查的问卷分为两部分，分别面向一般人员（图 2-4）和医院人员（图 2-5），开展一对一的调查。调查的目的是收集与医院运营活动有关交通的直接及间接参与者的交通使用情况及问题，对医院改扩建期间医院内外部的就医交通进行预测，分析可能出现的影响与问题，为施工期间的交通组织提供基础的数据。

1. 您从何处出发来到此家医院：
□ 外地
□ 深圳市区（福田区、罗湖区、南山区、盐田区、宝安区、龙岗区、坪山区、龙华区、光明区、大鹏新区）
□ 长期住在医院附近（家在附近、长期租住方便照顾病人）
2. 关于来此家医院就医的原因，您认为是：
□ 距离较近　□ 医疗实力强，放心　□ 就诊人数不多
□ 交通便捷　□ 其他
3. 您来此家医院的目的是：
□ 就诊　□ 探望病人　□ 上班　□ 停车　□ 其他
4. 您的交通工具是：
□ 公交车　□ 地铁　□ 网约车及出租车
□ 私家车　□ 其他
5. 您从出发地到达此家医院，用时约________分钟，您期望的时间是________分钟。
6. 您对医院内部交通的建议有（多选）：
□ 增加停车位　□ 院内保安加强交通管理
□ 涨停车费　□ 交警进院执法
□ 其他
7. 您对医院外部交通的建议有（多选）：
□ 公交站远离医院
□ 公交站（地铁站）直接进医院
□ 增加进出医院的专用车道
□ 优化附近交叉口的红绿灯配时，给进出医院车辆更多时间
□ 其他
8. 医院改扩建，对您的此次出行有无影响：
□ 有　□ 无
9. （接题 8）若有影响，是在哪些方面（多选）：
□ 施工车辆影响医院进出口　□ 施工车辆在医院内的影响
□ 在医院内部就诊，绕行更多　□ 施工噪声　□ 其他

图 2-4　一般人员调查问卷

1. 您所在医院的日门诊量约________，您认为病患人数与医院的服务能力：
□ 病患人数过多　□ 病患人数与服务能力基本适应
□ 服务能力有节余　□ 其他
2. 您通常选择的出行方式是：
□ 私家车　□ 出租车　□ 公交车　□ 摩托车
□ 电瓶车　□ 步行　□ 自行车　□ 其他
3. 您开车时，私家车停放的区域是：
□ 医院内停车场　□ 医院外附近停车场　□ 其他
4. 医院现有停车位数量是否满足您日常停车需求：
□ 满足　□ 偶尔找不到空闲车位
□ 时常找不到空闲车位，一般在________时段容易发生
5. 您认为是否有必要在医院周边地块设置医院停车场或停车楼：
□ 有必要　□ 没有必要
6. 您认为医院周边是否需要设置自行车道：
□ 需要　□ 不需要，理由是________________________
7. 您目前的办公场所在________栋，您认为从该栋楼出入地下车库或地面停车位是否方便：

☐ 是　　　　　　　　　　　　　　　　☐ 否

8. 您认为，您所在的医院区域周边的红绿灯设置是否合理(例如红灯时间过长)：

☐ 合理　　　　☐ 不合理，具体是________路与________路的交叉口，不合理之处是__________

9. 您认为，您所在的医院周边的公交车站设置合理吗？

☐ 合理　　　　　　　　　　　　　　☐ 不合理______________

10. 您认为，您所在的医院周边的已有或规划的地铁站设置合理吗？

☐ 合理　　　　　　　　　　　　　　☐ 不合理______________

11. 您认为，现阶段造成您所在医院内部交通拥堵的主要问题是：

☐ 私家车太多　　　　　　　　　　　☐ 司机违规行驶

☐ 行人素质不高　　　　　　　　　　☐ 道路建设不完善

☐ 高峰时段人员流量过大

12. 您认为，现阶段造成您所在医院周边交通拥堵的主要问题是：

☐ 私家车太多　　　　　　　　　　　☐ 司机违规行驶

☐ 行人素质不高　　　　　　　　　　☐ 道路建设不完善

☐ 高峰时段人员流量过大

13. 您认为，在医院改扩建期间，可能会产生哪些医院内部出行问题：

☐ 各建筑外间的绕行　　　　　　　　☐ 施工占道，有可能造成拥挤

☐ 施工车辆与就诊人员、车辆的交通交织　☐ 其他

14. 您认为，在医院改扩建期间，可能会产生哪些医院周边出行问题：

☐ 施工车辆进出医院造成拥堵　　　　☐ 医院进出口的改变造成绕行

☐ 就诊车辆进出更不方便　　　　　　☐ 其他

15. 针对医院大门与公交站台之间的拥堵情况，您认为：

☐ 对我的日常工作没有影响　　　　　☐ 对我的日常工作偶有影响，具体是

☐ 对我的日常工作影响很大，具体是______________________，改善意见是____________________

图 2-5　医院人员调查问卷

调查问卷的现场发放及填写的情况如图 2-6 所示。

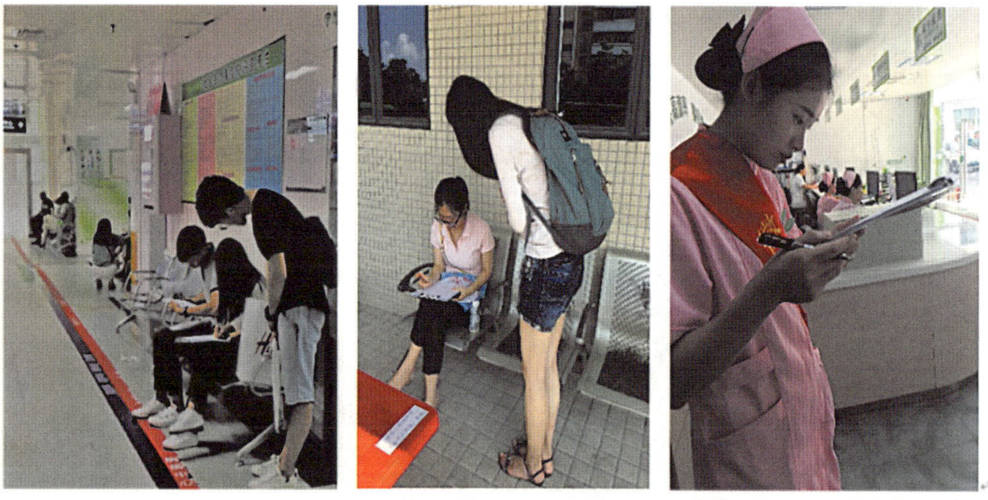

图 2-6　问卷调查

2.3　交通调查数据的分析

2.3.1　交通数据统计

就医探视人员及职工出行调查采用问卷调查的方式，内容包括被调查者的出行目的、出行方向和出行方式等内容，在进行问卷调查时，使用公式(2-1)计算样本量。

$$n=\frac{Z^2\cdot p(1-p)}{e^2} \tag{2-1}$$

式中，n——样本量；

Z——置信水平，取 95%；

p——总体中某一特定属性的比例，取 10%；

e——允许的误差范围，取 1.5%。

在三家医院一共投放了 600 份问卷，满足样本量的要求。对回收的 600 份问卷进行初步筛选处理，问卷份额分布如图 2-7 所示。根据统计数据，问卷有效度按式(2-2)计算。

$$P=\frac{M}{N} \tag{2-2}$$

式中，P——有效度；

M——回收的有效问卷数，按实际回收的计算，为 565 份；

N——回收问卷总数，600 份。

本次问卷调查的有效度为 94%，大于有效度评价标准要求的 90%，说明回收的问卷有效。

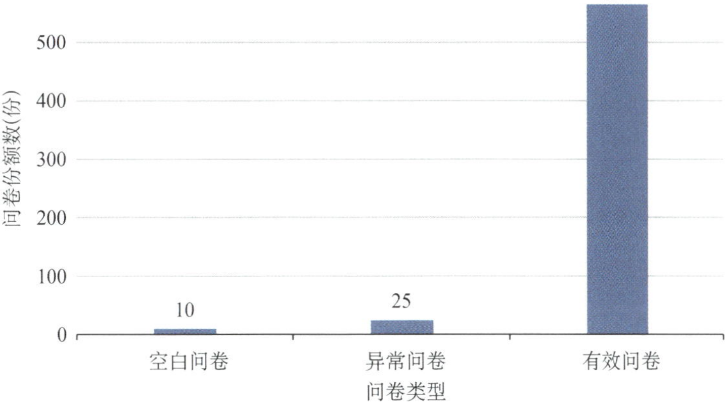

图 2-7　问卷调查有效度分布

对医院建设所影响范围内的交通状况进行调查之后，得到基础性原始数据，对这些数据进行初步分析，便于后续交通组织方案的提出和优化。在市三院，交通数据的初步分析见表 2-3。

表 2-3　医院出入口进出交通组成

类别		步行客流	自行车 + 电动车客流	公交客流	小汽车	出租车
		（人次/时）	（人次/时）	（人次/时）	（辆/时）	（辆/时）
改扩建前	进入	573	237	789	358	96
	离开	251	78	325	120	32
	合计	543	367	1 319	478	128
改扩建施工运输高峰期	进入	679	284	971	758	201
	离开	358	95	656	352	67
	合计	695	379	1 892	587	271

注：表中“合计”与“进入”“离开”数量之和不符，属正常情况，说明有院内滞留或前期滞留的交通离开。

2.3.2　交通调查结果分析

以市三院为例，对调查得到的交通数据进行分析。

1. 交通量

对市三院周边布澜路、三联东路上交通量及具体车型进行统计，具体调查机位设置位置如图 2-8 所示。

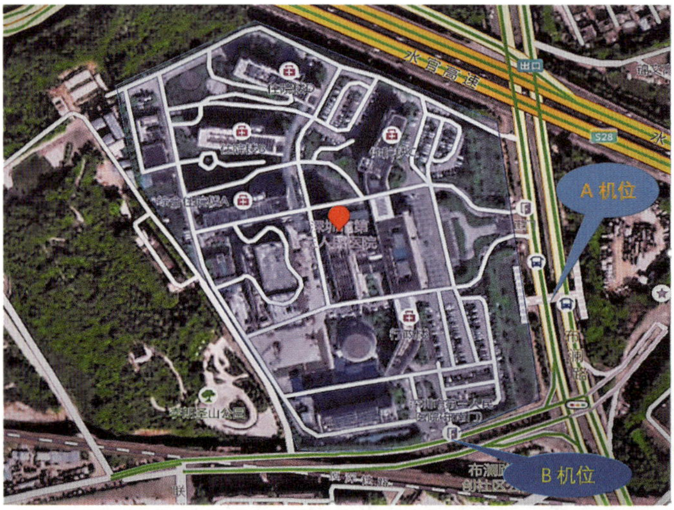

图 2-8　调查机位分布

交通量调查数据见表 2-4、表 2-5。

表 2-4　布澜路自北向南反向交通量

交通量	中小客车(辆)	摩托车(辆)	小货车(辆)	大客车(辆)
早高峰 7:30—8:30				
小时交通量	1 122	114	153	153

表 2-5　三联东路自西向东方向交通量

交通量	中小客车(辆)	摩托车(辆)	小货车(辆)	大客车(辆)
早高峰 7:30—8:30				
小时交通量	564	114	24	6

通过交通状况现场调查，可知，市三院总体交通运行状态有以下特点：

(1) 进出医院的交通组成复杂，其中，小汽车比例最高，占 73%。

(2) 途经布澜路的公交车和大货车较多，在高峰时段，公交站很容易拥堵成“长龙”，堵塞医院进出口，这在医院改扩建期间将更加严重。

2. 交通信号灯配时

对交通交叉口对信号灯进行实地调查可知，布澜路与水官高速交叉口：绿灯 80 秒，红灯 95 秒；三联东路与布澜路交叉口：绿灯 30 秒，红灯 145 秒；黄灯均为 10 秒。

3. 出入口

通过对市三院、龙华分院、港大医院 3 家医院早高峰期间(上午 7:30—8:30)的调查发现，网约车、出租车、私家车等私人就诊交通是造成医院门口拥堵的主要来源，如图 2-9 所示。

(a) 市三院正门　　(b) 龙华分院正门

图 2-9　早高峰期间医院门口拥堵

私人就诊交通易造成众多医院门口拥堵，是因为该部分车辆在停车落客的过程中，占用的车道多为公交车道，而且多数医院门口 100 m 范围内都设置有公交车站，公交车在靠站进入过程中又堵塞了医院门口落客车辆的前行路线。据统计发现，75%的私人就诊车辆在医院门口停车下客的时间超过 26 秒，加上早高峰阶段医院进院车流的影响，医院门口早高峰阶段的持续拥堵情况就很容易发生，并且持续多达几十分钟。这不仅使得医院门口的局部交通在早高峰陷入暂时瘫痪，严重影响患者及医院职工的入院效率，还对该路段交通的畅通造成巨大障碍，不利于改扩建运输车辆的通行。

4. 公共交通

经现场调查，市三院周边范围内无公交场站，轨道站点距离医院较远，医院 500 m 范围内分布有联创科技苑、锦文高新产业园、厦深铁路等，设有 10 对公交停靠站，22 条停靠公交线路，高峰时段公交车辆平均剩余载客率为 18%。

5. 邻近道路交叉口

1）位置选取

市三院改扩建影响较大的交叉口主要有 A# 交叉口、B# 交叉口、C# 交叉口、D# 交叉口、E# 交叉口，具体位置如图 2-10 所示。

图 2-10　市三院周边交叉口分布

2）数据采集

这 5 个交叉口中，只有 B♯ 交叉口处设置有交通信号控制系统，其余 4 个交叉口（A♯ 交叉口、C♯ 交叉口、D♯ 交叉口、E♯ 交叉口）没有设置交通信号控制系统。

在市三院改扩建高峰期，交叉口运行状况如表 2-6 所示。

表 2-6　改扩建期间交叉口运行状况一览

交叉口	指标	东			南			西			北		
		左	直	右	左	直	右	左	直	右	左	直	右
A♯	交通量（辆/天）	95	133	207	74	355	251	138	460	111	566	433	192
	饱和度	32%	15%	35%	15%	60%	42%	56%	52%	19%	114%	73%	32%
	服务水平	B	A	B	A	C	B	C	C	A	F	D	B
B♯	交通量（辆/天）	173	155	122	77	633	176	143	242	47	230	641	110
	饱和度	70%	18%	21%	31%	71%	30%	58%	41%	16%	77%	77%	19%
	服务水平	C	A	A	B	D	B	C	B	A	D	D	A
C♯	交通量（辆/天）	316	916	315	360	360	301	136	1 065	274	251	379	232
	饱和度	56%	77%	53%	36%	30%	51%	28%	89%	46%	51%	64%	39%
	服务水平	C	D	C	B	B	C	B	E	B	C	C	B
D♯	交通量（辆/天）	246	1 132	276	133	324	58	121	1 524	152	310	647	413
	饱和度	70%	63%	46%	27%	27%	10%	25%	85%	26%	62%	54%	69%
	服务水平	C	C	B	B	B	A	A	D	B	C	C	C
E♯	交通量（辆/天）	389	687	128	335	689	512	404	1 423	442	283	408	146
	饱和度	44%	39%	22%	45%	46%	86%	41%	80%	74%	41%	28%	25%
	服务水平	B	B	A	B	B	E	B	D	D	B	B	A

交叉口服务水平划分见表 2-7。

表 2-7　交叉口服务水平划分标准

服务水平	运行状况描述	饱和度 S	每车信控延误 T(s)
A	城市道路自由流	$S \leqslant 0.25$	$T \leqslant 10$
B	接近自由流	$0.25 < S \leqslant 0.5$	$10 < T \leqslant 20$
C	交通畅通	$0.5 < S \leqslant 0.7$	$20 < T \leqslant 35$
D	比较畅通	$0.7 \leqslant S < 0.85$	$35 < T \leqslant 55$

（续表）

服务水平	运行状况描述	饱和度 S	每车信控延误 T(s)
E	比较拥挤	$0.85 \leqslant S < 0.95$	$55 < T \leqslant 80$
F	交通拥堵	$0.95 < S$	$80 < T$

A＃交叉口为布澜路与水官高速公路的交叉口，作为 E 栋施工的必经出入口，承受着较大的交通压力。

（1）布澜路交通量较大，通过 A＃交叉口进入探视入口右转的施工车辆容易造成布澜路的水官高速下部交通堵塞，对布澜路的通行造成影响。布澜路的通行状况如图 2-11 所示。

图 2-11　布澜路下穿水官高速路段

（2）该交叉口进入医院的转弯角度接近 90°，因为大型工程运输车转弯半径的要求较大，大型车转弯进入市三院，容易对布澜路的通行车流造成影响。

D＃交叉口、E＃交叉口都位于三联东路，由交通调查数据可知，该路段交通量较小，施工车辆可以顺畅通行，对于三联东路的交通影响较小。

6. 调查问卷数据分析

以市三院为例，分析所有调查问卷中的数据分布，部分问题的统计分析如图 2-12、图 2-13 所示。

通过对交通问题的调查统计，可知在医院改扩建期间，从就诊人员和工作人员的角度来看，突出的交通问题如下：

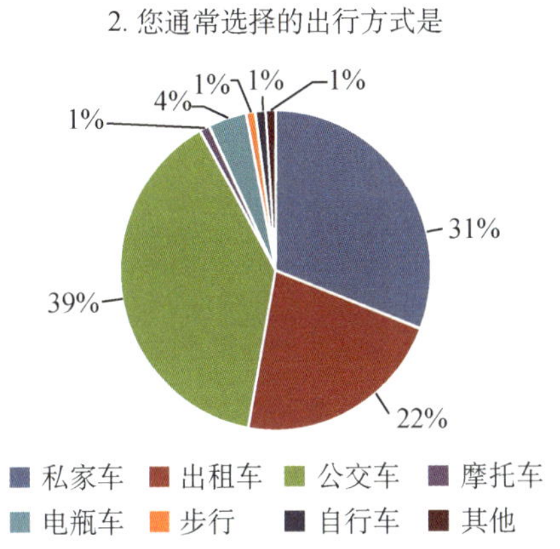

(a) 出行方式

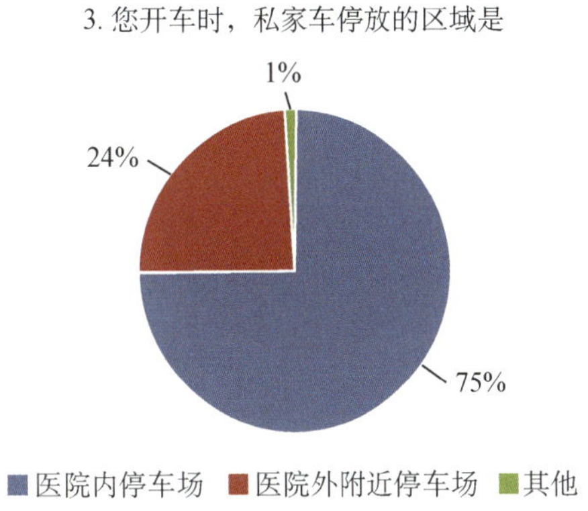

(b) 私家车停放区域

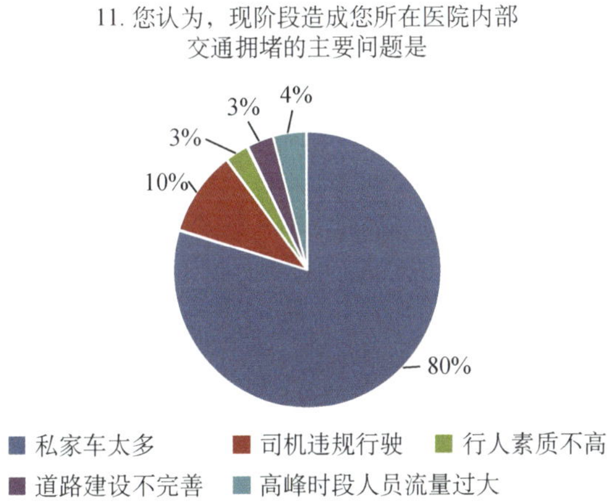

(c) 医院内部交通拥堵原因

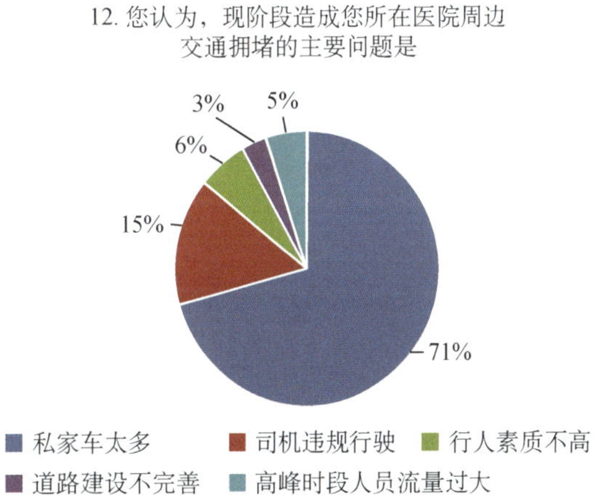

(d) 医院周边交通拥堵原因

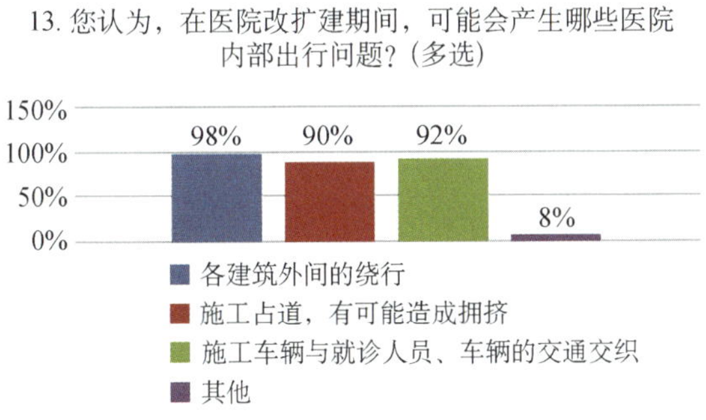

(e) 医院内部出行问题

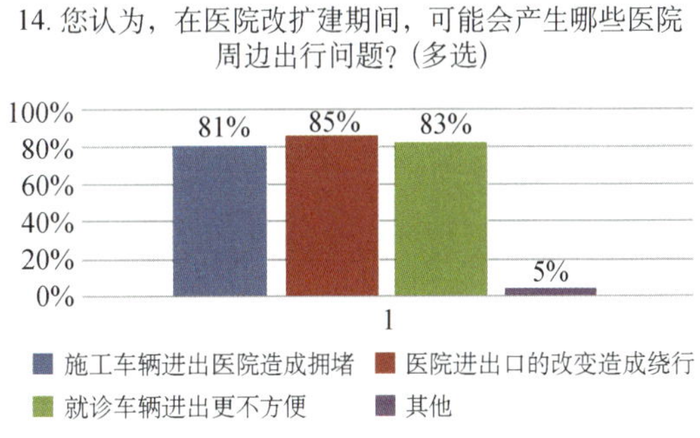

(f) 医院周边出行问题

图 2-12　医院人员问卷数据（部分）

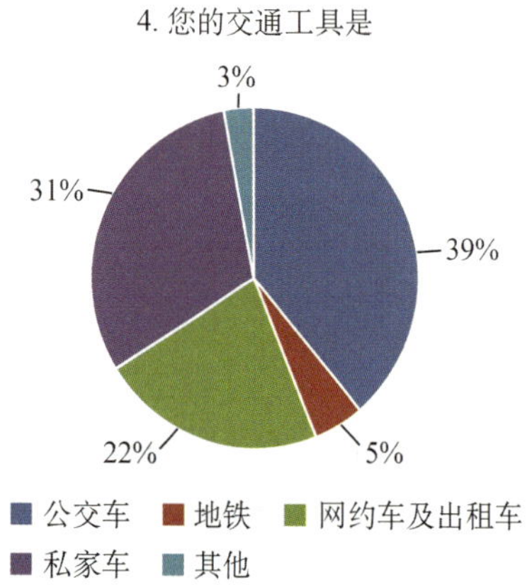

(a) 交通工具

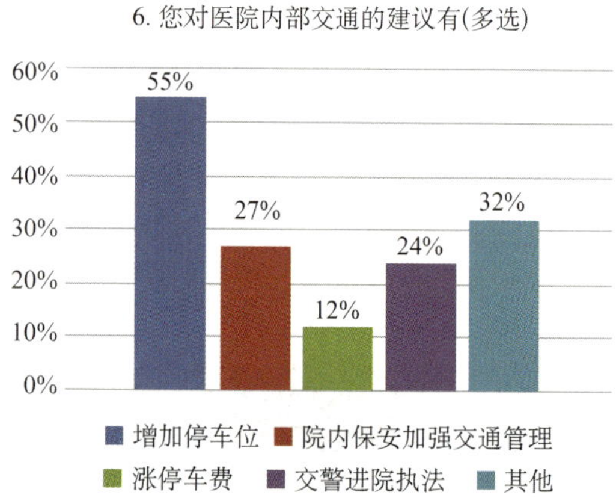

(b) 医院内部交通建议

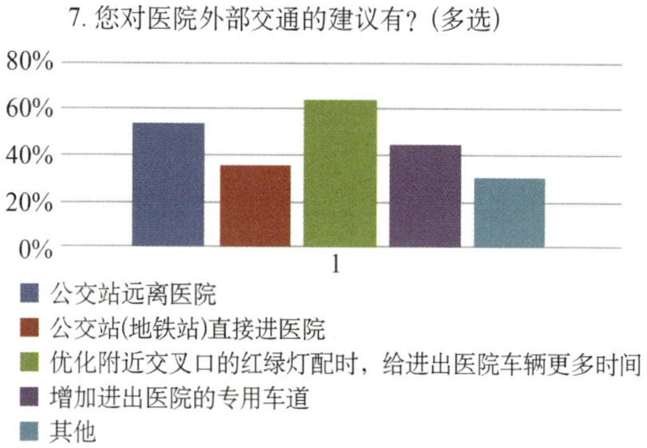

(c) 医院外部交通建议

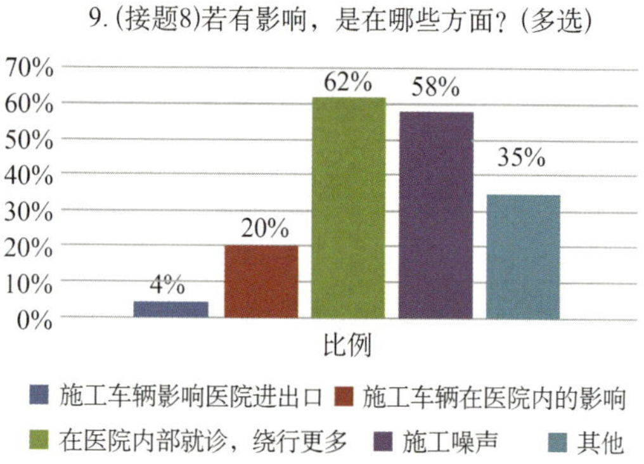

(d) ）改扩建影响

图 2-13　一般人员问卷数据(部分)

（1）医院就医出行的时间较为集中，呈明显的高低峰态势，高峰期主要集中在早上和下午，最大交通量一般出现在早上，该时段交通需求较大，交通出行种类较为复杂，容易出现交通秩序混乱。

（2）就医的出行距离与医院的医疗水平和设施完善度有直接关系，由于大型医院的医疗水平较高，医疗设施较为完善，吸引的患者出行距离也呈多样性，远近结合。通常情况下，门诊主要立足于服务周围片区，较轻患者的就医出行距离普遍较短。另外，专业较强的大型医院服务范围较广，来此医院就诊的部分患者的出行距离较长，如市三院以其在肝病专科的救治能力，吸引了距离较远的患者前来就诊。

（3）影响就医方式选择的因素有很多，例如出行距离、病情轻重及收入等。大型医院一般坐落在交通较发达地区，调查的资料显示，由于就医的舒适性和私家车的普及等影响，私家车就医出行比例普遍较高，接下来依次是公共交通、步行和出租车。在改扩建期间，要重点考虑私家车入院停车及公交车停靠的影响。

(4) 在医院改扩建期间，面对医院内部停车空间的不足时，80.1%的受访者更愿意选择公共交通就医，少数受访者愿意接受绕行或周边停车场停车，大多数受访者可以接受的绕行距离不超过 300 m。

(5) 在医院改扩建期间，住院患者对于夜间运输车辆引起的噪声比较担忧。

(6) 受访者在医院改扩建期间，较为重视进入医院的便捷程度及就诊过程中是否会因为施工而不得不改变出行方式。

2.4　改扩建期间交通问题剖析

2.4.1　停车资源

1. 改扩建对院内停车的影响

市三院的既有停车资源相对完善，地下停车场与地上停车区域相互补充，共同服务于院区的停车系统。在改扩建中，对院内停车位占用影响最大的是 E 栋、J 栋，其中 E 栋的建设将使医院内部停车位减少 105 个，J 栋的建设将使医院的停车位减少 137 个。龙华分院改扩建占用停车位的问题较为严重，由于医院既有停车位缺口较大，已导致医院周边违法停车现象较为严重，部分违法停车占用外侧车道、人行道、公交站等设施，占用了院外昌永路、健民路等路段，对车辆及行人通行影响较大。在改扩建施工启动后，龙华分院北区停车场将完全被施工活动占据，院区内部可用的停车位将不足 100 个，医院内部的停车更为紧张。

2. 停车需求分析

医院既有的停车需求主要由门诊患者、住院患者及陪护人员、医院职工的交通通行而产生。

对市三院、龙华分院、港大医院的院区内停车资源进行调查发现，医院门诊人群的车辆吸引率为 0.23 人次，门诊人员陪护比例为 0.5 人次，住院人员陪护比例为 0.53 人次，住院的停车位需求比例为 1.07 个/床。

医院改扩建期间停车需求的测算，以港大医院二期建设项目为例(假定医院医护人员数量不变)。

医院概况:一期项目占地 192 001.76 m^2,配置有床位 2 000 张,医院既有医护人员 2 417 人,既有地面、地下公共停车位共计 2 000 个。同时,据实地调查,深圳市医院的医护人员有专用的停车位,在改扩建期间仍要保留专用以便正常医护工作的开展,在医护人员数量不变的情况下,医护人员对停车位的需求也不变,因此,医护人员停车位不影响医院改扩建的实施。这里停车位的需求数量以门诊量为基数进行计算,如港大医院在 2018 年 1—8 月日均门诊量为 3 920.2 人次,如图 2-14 所示。

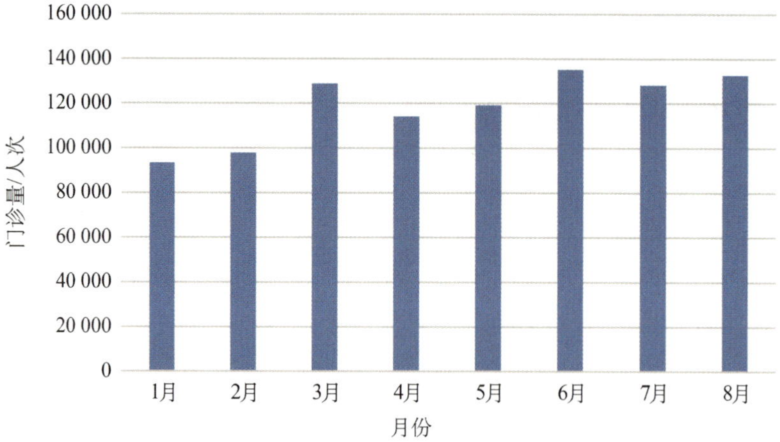

图 2-14 2018 年 1—8 月港大医院门诊量

1)门诊及陪护人员停车位需求计算

门诊及陪护人员数量:3 920.2+3 920.2×50%≈5 881(人);门诊及陪护人员停车位需求:5 881×0.23≈1 353(个)。

2)住院及陪护人员停车需求计算

停车位需求:2 000×1.07=2 140(个)。

由此可知,港大医院改扩建期间的停车位需求为 1 353+2 140=3 493(个),同时改扩建将减少地面停车位约 140 个,因此,医院现有的 2 000 个停车位无法满足改扩建期间的停车需求。

2.4.2 单体建筑施工期

1. 基础施工

在医院建设的基坑出土、地下结构浇筑、底板浇筑等主要阶段,施工车辆的运输产生的交通量较大，最大施工交通量出现在基坑出土及浇筑基础底板阶段。医院改扩建的交通运输产生较多的噪声、振动干扰，应避免对住院患者的夜间休息产生不良影响，因此车辆大量的土方运输应当避开夜间，利用白天运输。

混凝土运输的距离相对固定，由混凝土搅拌站的位置决定。渣土运输根据弃土场位置的不同，其运输距离亦不同。深圳市医院建设的弃土距离都较远，将导致跨区绕行和排队等待时间较长，显著降低运输效率。改扩建医院土方运输需求较大，基坑开挖时，根据每层土的开挖速度、日均出土量的不同，对应的车辆需求也有所差别。因此，需要综合深圳市的运输、环保、弃土场等客观条件，制定科学的运输车辆使用调度计划，而外运土方也受到院区外交通条件的制约。医院弃土外运交通状况如图 2-15 所示。

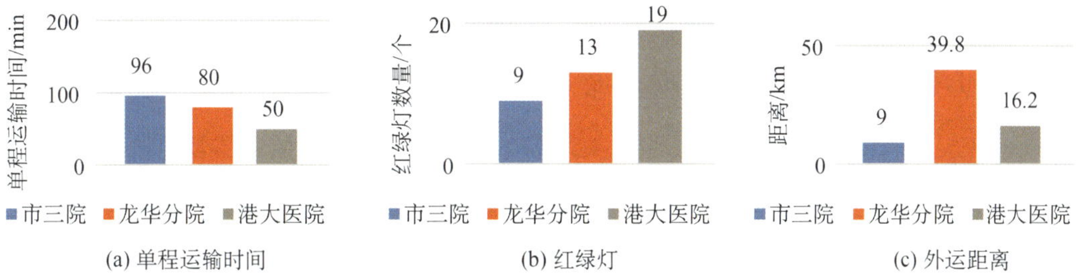

图 2-15　弃土外运交通通行条件

医院改扩建施工运输高峰期主要包括土方开挖阶段和浇筑基础底板两个阶段，而受场地布设的限制，渣土运输车的数量有限。在改扩建的土方外运和浇筑基础底板的过程中，短时间内需要大量的运输能力，加之外运弃土的距离较远、排队卸土时间过长等因素的影响都降低了运输车辆的周转速度。因此，在医院改扩建院区内，运输高峰期的交通组织承受了巨大的压力。3 家医院土方运输工程数量见表 2-8。

表 2-8　医院改扩建土方运输工程数量

医院名称	土方工程量(m^3)	时间(工日)	日均出土量(m^3)
市三院	631 000.0	1 115.0	565.9
龙华分院	287 000.0	500.0	574.0
港大医院	105 774.0	240.0	440.7
平均值	341 258.0	618.3	526.9

深圳市可用的弃土受纳场数量、受纳能力有限，且运输距离较远。随着深圳市众多工程的实施，现有受纳场容量有较大缺口，深圳市多处大型施工工地共用有限的弃土受纳场

必然给医院改扩建建设期间的渣土运输造成影响，主要表现在排队等待卸车时间的增加导致施工效率降低、施工进度拖慢，单车费用增加，从而增加工程造价。因此，医院建设项目的渣土运输任务将使工程进度面临工程运输压力。

2. 主体结构施工

在主体施工开始之前，医院的工程运输任务主要是外运，而在主体结构施工阶段，医院的主要运输任务是运输进场。进入院区的交通主要有混凝土搅拌运输、钢材进场、模板进场及其他建材进场有关车辆等，驶出院区的车辆多为空载。

主体结构施工阶段主要涉及材料的运输进场。建筑物主体结构施工顺序是交通运输的重要前提。如市三院改扩建中的传染住院楼，建筑物主体结构的施工顺序为：①底层地板混凝土→②地下底层侧墙、框架结构→③地下各层依次侧墙、框架结构→④正负零层框架结构→④地下各道支撑结构从下往上依次拆除及地下侧墙外回填→⑤二层框架结构→⑤地下各层砌体及建筑→⑥三至四层框架结构→⑦一层及以上各层砌体及建筑→⑦重复楼层框架结构直至屋面断水→⑧屋面防水等建筑层→⑨外墙保温及装饰→⑩室外环境→⑪竣工验收。上述的序号数表示施工顺序，序号数相同者为平行作业。施工进度计划见表 2-9。

表 2-9　施工进度计划

序号	项目名称	工期计划(天)
1	底板混凝土	60
2	底层框架结构	30
3	负三层框架结构	30
4	负二层框架结构	30
5	负一层框架结构	30
6	±0.00 层框架结构	25
7	2 层框架结构	20
8	3 层至 22 层	380
9	屋面防水层及建筑层	30
10	室内砌体及建筑	60(2 层框架完后开始施工，穿插于结构施工 400 天中，实际施工 460 天)
11	外墙装饰	20(与上列工序平行作业，实际施工期 80 天)

（续表）

序号	项目名称	工期计划(天)
12	室外环境	30
总工期		745

医院改扩建主体结构施工阶段的建材运输是工程运输的重点。高效、稳定的建材运输是保证施工进度的重要前提。为了保证主体结构施工期间的交通畅通，一方面要做好施工场地内部的场地布置与交通导行，合理引流施工运输车辆，使其有序进出施工基地；另一方面，要加强施工场地周边的交通管制与路线引导，保证在不影响周围路段交通运行的前提下，交通流线能高效、稳定地流畅运行。施工阶段的建材运输要点如下：

(1) 建材有序进场。在主体施工阶段，运输进场的建材有混凝土机械、模具、方木、钢管、钢筋、砌体等各种材料，这些建材不仅运输特性不同，而且对运输的要求也有所差别，如混凝土的运输对于龄期的要求，钢筋、砌体、钢管等大宗建筑材料的运输对于进场堆放、吊装等的要求，都是主体结构施工阶段运输需要解决的具体问题。

(2) 内部运输与吊装。材料进场后，内部的运输安排是运输的最后环节，也是施工运输的关键步骤，运输流线的布置与交通组织是内部运输的核心。内部运输的安排应结合建筑结构施工分布、出入口位置、塔吊位置进行布置，尽量采用单向循环模式，避免进出交通的冲突。

(3) 运输时间节奏控制。在主体结构的施工过程中，底板混凝土的施工需要一次性连续浇筑完成，对现浇混凝土的运输强度要求极高。框架结构的施工也需要根据框架位置，改变场地内部的运输流线。标准层结构的施工阶段的运输相对稳定。当楼层升高时，混凝土的泵送时间相应延长，混凝土运输车进场的密度也应适时调整。

3. 装修与设备安装

主体结构施工完毕后，就进入装修及设备安装阶段。在这一阶段，建材、设备进场运输与支架、立柱的拆除外运并存。医院的装修与设备安装同其他类型建筑的主要差别在于特殊医疗器材的运输、吊装、安装，这些工作具有极强的系统性与特殊性，如何保证各类医疗器械、管线的有序运输及储存显得尤为重要。相对而言，支架、立柱的拆除尽管对于运输要求不高，但是由于拆除速度的不确定性，对于车辆需求的数量也在不断变化。

主体施工进入尾声后，格构柱的拆除、内支撑架钢筋混凝土的拆除外运有一些明显特点。受拆除装车速度的影响，并考虑外运车辆等待拆除及装车的时间，为了避免不必要的运输资源浪费，应该根据需要，合理安排运输车辆的数量。有关设备的拆除将占用一定的时间，应有专用的交通流线，运输流线可沿用主体结构施工阶段的出场流线。龙华分院改扩建一期工程中住院医技大楼内支撑架、立柱的拆除外弃计划见表2-10。

表2-10　内支撑架、立柱的拆除外弃计划

序号	项目名称	工程量	外运期(天)	日外运量
1	立柱的拆除	470 t	20	24 t
2	内支撑架钢筋混凝土	320 m^3	20	16 m^3

2.4.3　院区出入口

1. 出入口交通组织突出问题

机动车交通是医院改扩建期间交通组织的核心内容，院区内的既有机动车来源主要是就诊探视私家车、职工私家车、后勤用车、紧急救护车，其中职工私家车属于稳定属性的交通要素，就诊探视私家车属于动态变化的交通要素，也是造成深圳市多数医院早晚高峰医院出入口拥堵的主要原因。

医院车辆的流线较城市道路简单，因为车辆在医院内的主要流线是出入口到停车区域的双向流线，但是院内的停车区域往往比较分散，可能有路边停车、地下停车场或者若干个分散的地上停车区域，由此产生多条车辆流线交织的情况。

2. 港大医院出入口

在改扩建之前，港大医院的出入口为位于白石路上的1处出口、1处入口，位于海园一路上的1处出口、1处入口，位于侨城东路上的1处出口、1处入口，如图2-16所示。其中2个人行出入口，分布在白石路和海园一路上。

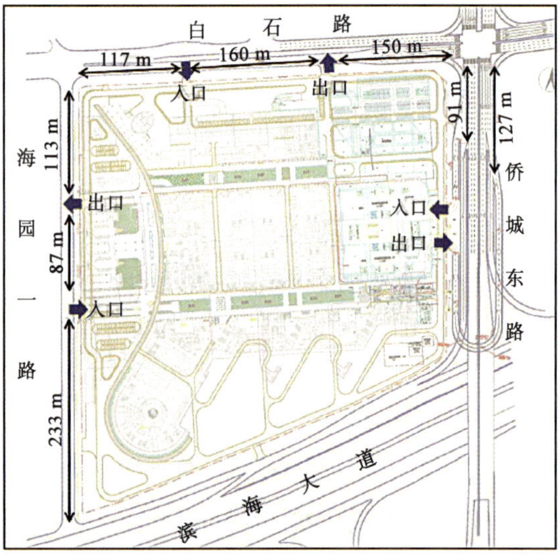

图2-16　港大医院机动车出入口总体分布

在医院改扩建期间，院区临时出入口的设置及交通组织是施工期间交通保

畅的咽喉工作，出入口首先要满足施工运输的需要，利用通行能力畅通的路段进行施工出入口布置，满足大型设备、各类工程车辆转弯通行的需要，其次要减小施工运输对院区内医疗交通、衔接道路的影响。

白石路出入口作为目前港大医院交通医疗主出入口，在港大医院改扩建期间，随着侨城东路进入医院地下停车场的出入口功能的调整，经白石路入口进入院区的医护人员及患者车辆将大幅增加。海园一路出入口距离改扩建施工区域较远，对施工运输无明显影响。因此侨城东路出入口可考虑在医院改扩建期间作为施工出入口。

2.4.4 医院内外部的慢行交通

医院人性化交通服务理念应在交通设施的设计中体现全方位地以人为本，因而，医院建设期间的交通组织不仅仅是机动车的交通组织，慢行交通也是不容忽视的重要内容。

1. 非机动车

医院的非机动车交通服务主要包括停车位和通道两部分，是医院衔接交通的重要补充，尤其是对乘坐轨道交通、公交车前来医院的患者和探视人员来讲。前期调查问卷发现，0.3～1.5 km的出行距离给人们的就医入院带来诸多不便，面临交通方式选择的难题，如龙华分院距离深圳市轨道交通4号线清湖站直线距离1.3 km，市三院距离深圳市轨道交通14号线石芽岭站直线距离1.2 km，这样的距离，在患者可独立出行时，非机动车是最为便捷的交通方式。

在医院建设期间，出入口功能的调整和医院空间的压缩，对医院的内部道路、非机动车停车区造成的影响较大，如市三院H栋施工、港大医院改扩建二期都使院内的非机动车停车位被占用。为了维持良好的就医交通秩序，避免施工的交通影响，当医院内部的非机动车行驶存在安全隐患时，需要限制非机动车进入医院。市三院港大医院的非机动车停车场如图2-17所示。

2. 人行过街设施

①市三院周边交叉口人行过街均为平面过街形式，标线完善，邻近医院处，设置了一座人行天桥，行人过街环境总体良好。②在人行过街设施方面，港大医院周边白石路、海园一路、侨城东路等市政道路均设置了人行道，且慢行空间均在3 m及3 m以上，共设置有人行天桥3座，地下人行通道9个，其中6个人行通道均是地铁站通道，周边居民慢行出行环境

(a) 市三院内部自行车停车场

(b) 市三院院外自行车停车场

(c) 港大医院海园一路入口附近人行道

(d) 港大医院侨城东路入口附近人行道

图 2-17　市三院自行车停车场与港大医院附近人行道

良好，设施总体较完善。③对于与医院衔接的慢行交通设施，考虑使用者群体的特殊性，人行过街设施，应充分考虑不同就医群体的出行需求。交通设施的使用人群中存在大量的身体状况相对较差的交通参与者，如在市三院正门对面，部分乘坐公交车在布澜路下车的身体状况不佳的患者，尤其是中老年患者，上下人行天桥到达医院相对困难。人行过街设施如图 2-18 所示。

2.4.5　施工场地的内部布置

在医院改扩建中，施工场地的内部布置对于交通组织起着决定性作用，布置的主要内容包括施工项目部、钢筋加工工棚、临时仓库或建材堆放场地、其他施工设备及特殊工程车辆等，如港大医院施工场地的内部布置如图 2-19 所示。

当前，在医院的改扩建过程中，施工空间不足是普遍存在的问题。由于在原有建筑的

(a) 人行道

(b) 人行天桥

图 2-18　人行过街设施

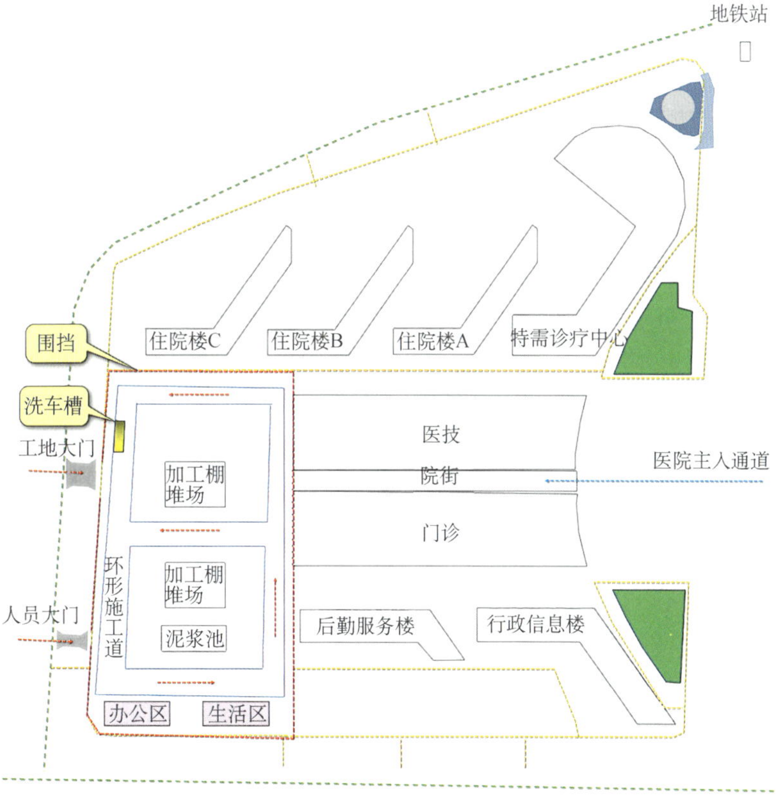

图 2-19　港大医院施工场地的内部布置

间隙或边缘嵌插建设，地块狭小、施工通道有限，在改扩建施工启动后，由于医院空间压缩，停车资源减少，院内部分道路被截断，以及医院施工场地内部的机械周转、弃土外运等问题的存在，院区交通的便捷性不足将直接影响建设进度。院区内场地布置施工的不利影响体

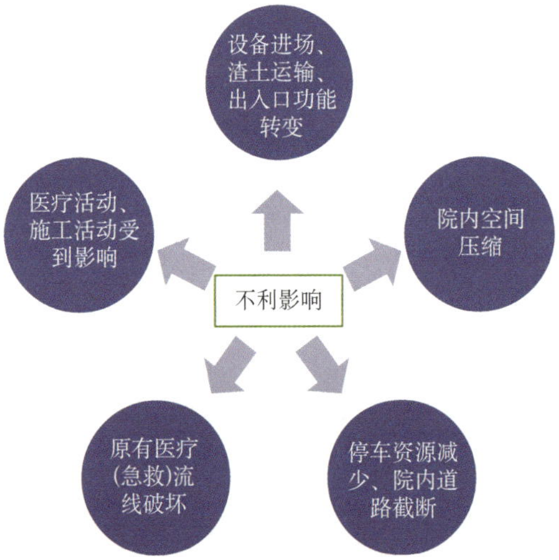

图 2-20　医院改扩建院区内场地布置对施工的不利影响

现在诸多方面，如图 2-20 所示。

深圳市医院改扩建在这方面的问题更加突出，如在市三院和龙华分院建设中，拟建的基坑施工边界已接近现有医院建筑外部轮廓边缘，周边的内部道路也将在施工期间被大面积占用。在市三院 E 栋基坑西侧，紧挨住院楼 A、B、D 栋外围连廊钢架基础，东侧距离住院楼 C 栋最近距离不足 1.5 m，基坑南侧边缘占用医疗街道路，不仅不能利用该侧出土，还会对医院内部人车交通造成不利影响，具体如图 2-21 所示。

(a) E栋基坑西侧

(b) E栋基坑南侧

(c) E栋基坑东侧

(d) E栋基坑北侧

图 2-21　市三院 E 栋基坑施工边界

龙华分院改扩建基地位于龙观东路北侧，昌永路南侧，大浪河东侧，健民路穿场地而过。场地外围均紧邻其他建筑，北侧、西侧施工红线与咬合桩外边线几乎重合，基坑建筑场地距离红线很近。东侧用地红线与咬合桩边线距离约 5.0 m，东南侧地下室外边线与用地红线距离 4～6 m。基坑东侧与东南侧为龙华分院的办公楼。如图 2-22 所示。

(a) 改扩建一期北侧　(b) 改扩建一期东侧

(c) 健民路东侧施工道路　(d) 健民路西场地中央

图 2-22　龙华分院改扩建施工边界紧邻既有建筑物

龙华分院基坑开挖施工平面布置如图 2-23 所示。

因此，必须加强在改扩建施工期间的交通组织，包括各时期场地内部的流线与进出基地的外部交通流线两部分，其中建设期间院内工程车辆流线是施工期间交通流线的核心。

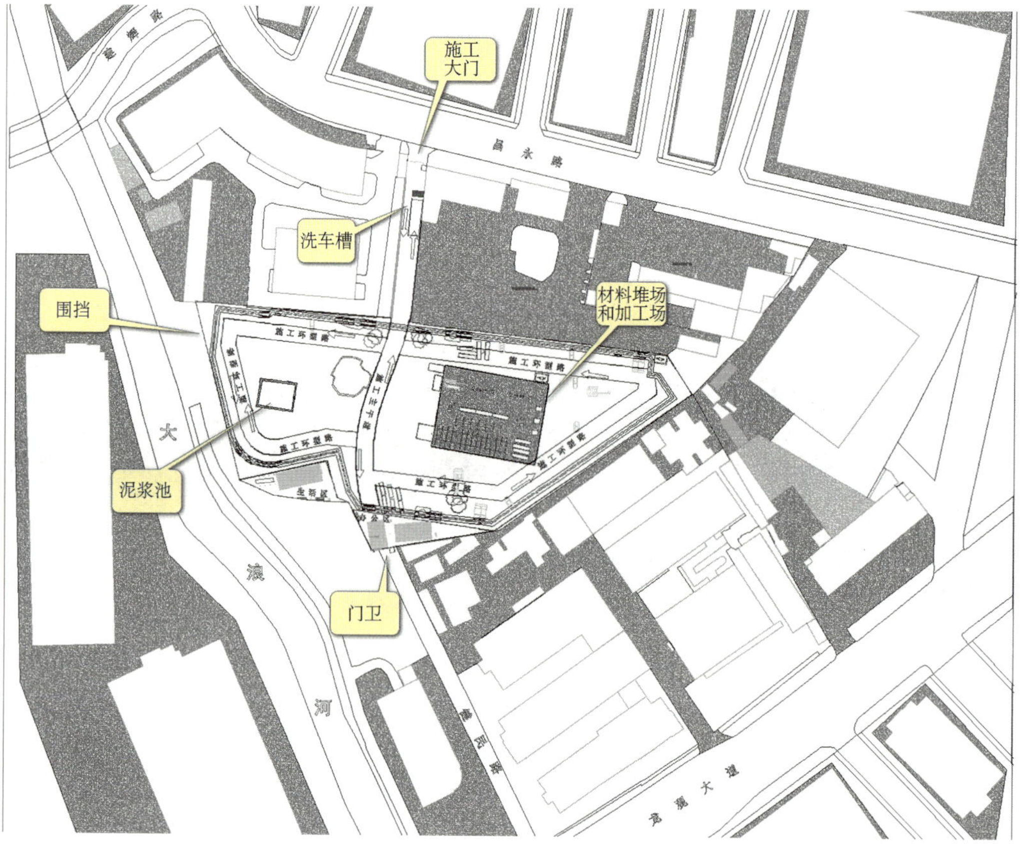

图 2-23　龙华分院基坑开挖施工平面布置

第3章　第三人民医院改扩建期间的交通组织

医院改扩建期间的交通组织，需要结合施工阶段的运输路线，以医院内部的医疗事业开展为重要前提，同时，应根据医院的既有漏洞、拟新建设施、停车位的调度等具体特点，开展针对性的交通组织研究。

3.1　改扩建期间交通问题对策

3.1.1　停车位的管理

医院停车问题对于医院的交通秩序、各科室内部服务水平有很大影响。该问题在医院早晚高峰十分明显，高峰时段的停车压力直接体现在医院出入口处，出入口数量不足会导致外围市政道路拥堵以及停车场内大量车辆滞留。同时，快捷合理的停车收费制度，能够有效提升出入口通行效率，改善出入口拥堵问题。

在医院改扩建期间，由于医院停车资源的减少，给停车秩序的管理带来较大的压力，容易造成停车秩序的混乱，给医院职工和患者的停车带来诸多不便。因此在医院改扩建的施工前、施工中，必须做好相应的交通组织，维持正常的停车秩序，避免因停车资源骤减引发的车位资源争夺。

(1) 通过合理的停车收费制度，使社会车辆让位于就诊患者车辆。由于就诊患者可以免费停车，部分社会车辆可能会采用非正常办法或者以患者名义混进医院长期停放。针对这一情况，可采取严格的巡视制度，当非就诊社会车辆停放超过一定时限后，大幅度提高停车收费标准，迫使这部分车辆尽快驶离车位。对于来院就医或探病的车辆，可以采取一小时内免费，或者凭挂号就诊收费单减免停车费用等措施，保证患者及其家属能够享受停车优惠政策。

(2) 机动车停车场库应根据实际情况优化内部交通组织方式，以利于交通的安全、便捷。停车场交通组织管理可采取以下策略：

① 机动车入口道闸尽量设置在远离市政主干道的位置，避免因进院车辆排队而影响城市交通。

② 根据医院整体规划，院内停车主要采取地面、地下停车场相结合的方式，并以地下停车场为主。

③ 进出停车场路线简洁清晰，减少车辆绕行，加快车流集散。

④ 充分利用信息化手段对停车场进行管理，引入停车场管理和诱导系统，提高停车位利用效率；建立智能化车辆引导及车主反向寻车等电子停车辅助系统，采用预交费的停车收费模式，减少车辆在出口道闸处的停驻时间。

⑤ 在条件允许的情况下，采取员工车辆限行措施，减少员工车辆院内停放需求。

⑥ 建立安全的残疾人无障碍交通体系，体现人性化关怀，建立院区标牌导向系统。

(3) 将医院职工、患者车辆分区停放，急诊、普诊异路通行。为了提高停车场管理效率，医院可开通职工定点公交(沿线停靠，熟悉路线的当地人也能乘坐)，同时鼓励职工拼车出行。划出专为职工停车使用的车位，位置可相对偏僻，并预留来院就诊探访的车辆停靠车位，以便将车位最大限度地留给患者。医院还可设置互不干扰的急诊急救车道，急诊急救车辆直接到达急诊室，避免与普通诊疗路线互相干扰，节省抢救时间。

(4) 在保证停车场库内行车效率和行人安全的前提下，合理设置通道宽度，充分利用停车场库空间资源。

(5) 基于人防分区、消防分区、柱网分布、设备层分布，对停车空间进行系统优化，增加停车泊位数量。

(6) 对停车场库进行人性化的环境设计，包括标志标线和柱面墙面设计、材质设计、视觉效果设计等。

(7) 场地内道路转弯时，应保证具有良好视野，弯道内侧的边坡、绿化及建筑物不应影响行车的有效视距。

(8) 在医院内部无法开辟停车位的情况下，可在医院改扩建期间，采用租借等形式临时借用周边可用空间(体育场停车位、桥下等区域)，服务医院必要的医疗停车需求，缓解医院的内部停车压力。

3.1.2 建设时序及阶段的优化

考虑医院建设期间各阶段的工程运输问题，结合医院建设特点和交通组织原理，提出的医院建设施工运输的组织方法，才会有针对性。工程运输是医院改扩建期间交通组织的核心工作，主要问题包括全时段建设的工程运输管理、运输高峰期运输组织、避免与医院运营流线冲突等方面。工程运输管理主要包括基坑开挖进度计划（基础施工阶段）、基坑开挖弃土外运计划、主要工程材料、作业材料及进场计划（主体施工阶段）等。

1．基坑施工阶段

第一步根据基础施工具体任务、医院空间布局，制定基础施工顺序；第二步是根据工程施工顺序，测算、拟定基坑开挖进度计划；第三步制定各阶段工程量，推算弃土外运计划表和材料进场计划；最后，根据弃土外运、材料进场计划测算工程运输具体安排（车辆数、运输时间、流线等）。

1）施工顺序

土方开挖应遵循“先撑后挖，分层、分段、对称、平衡、限时”的要求进行，每层土方都分块开挖，减小单边开挖断面，尽量减少基坑无支撑的暴露时间，使土压力均匀且逐步地释放，做到随挖随撑，严格控制基坑变形，以保证基坑施工作业在安全条件下进行。

开挖的施工顺序为：①场平→②测量控制网建立→③咬合桩放线→④导墙施工→⑤咬合桩（含立柱桩和工程桩）施工→⑥第一层基坑土方开挖→⑦第一层基坑内支护桩支撑结构施工→⑧第二层基坑土方开挖→⑨第二层内支护桩支撑结构施工→⑩第三层基坑土方开挖→⑪第三层内支护桩支撑结构施工→⑫第四层基坑土方开挖→⑬第四层内支护桩支撑结构施工→⑭垫层混凝土及底部降水管保持降水。龙华分院改扩建中，基坑开挖的施工流程如图 3-1 所示。

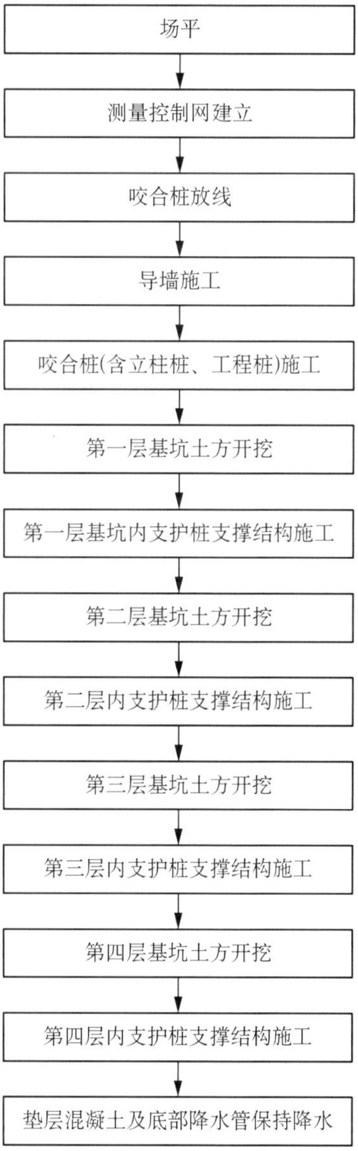

图 3-1　基坑开挖施工流程

2）基坑开挖进度计划

在确定基坑开挖流程后，可形成进度计划。龙华分院基坑开挖进度计划如表 3-1 所示。

表 3-1 基坑开挖进度计划

序号	项目名称	工期计划(天)
1	施工准备	30
2	导墙施工	30
3	咬合桩施工、立柱桩和工程桩施工	120
4	第一层取土	30
5	冠梁及第一道内支撑	30
6	第二层取土	70
7	腰梁和第二道内支撑	30
8	第三层取土	80
9	腰梁和第三道内支撑	30
10	第四层取土	120
11	腰梁和第四道内支撑	30
12	第五层取土	80
13	垫层封底	10
14	合计	690

3）基坑开挖弃土外运计划

对于施工期间使用的工程车辆，一方面要满足施工流线途经交叉口及回转区域的回转半径的要求，另一方面要满足市政道路与环保要求。

根据深圳市现行《全密闭式智能重型自卸车技术规范》(SZDB/Z 284)，应选用新型全封闭式智能自卸车。在龙华分院的改扩建中，使用的泥头车为比亚迪 T10ZT 纯电动泥头车，装载量为 10 m^3。

对于施工时间的要求，考虑当地道路交通情况，拟定施工时间为夜间 21:00—次日早上 7:00，共计 10 小时。龙华分院改扩建场地与弃土场之间的距离约 55 km，往返距离约 110 km，车辆的运输速度按 50 km/h 计算，信号灯等待时间需 3 分钟。由此可知，10 小时内能往返的次数为 4.82 次，考虑装卸土及在出入口排队的时间，取 4 次，由此计算得到的弃土外运计划如表 3-2 所示。

表 3-2 弃土外运计划

序号	项目名称	工程量(m^3)	时间(天)
1	咬合桩、立柱桩及工程桩成孔外弃土	32 000	35
2	第一层基坑开挖弃土	32 000	35

（续表）

序号	项目名称	工程量(m^3)	时间(天)
3	第二层基坑开挖弃土	56 000	50
4	第三层基坑开挖弃土	50 000	55
5	第四层基坑开挖弃土	75 000	65
6	第五层基坑开挖弃土	42 000	50
7	合计	287 000	290

根据施工组织设计，得出基坑开挖阶段交通量，如表 3-3 所示。

表 3-3　基坑土方运输交通量预测

序号	项目名称	交通量(辆/天)	车次(车次/天)
1	咬合桩、立柱桩及工程桩成孔外弃土	23(10 m^3)	92
2	第一层基坑开挖弃土	23(10 m^3)	92
3	第二层基坑开挖弃土	28(10 m^3)	112
4	第三层基坑开挖弃土	23(10 m^3)	92
5	第四层基坑开挖弃土	29(10 m^3)	116
6	第五层基坑开挖弃土	21(10 m^3)	84

基坑开挖弃土外运各阶段车辆数如图 3-2 所示。

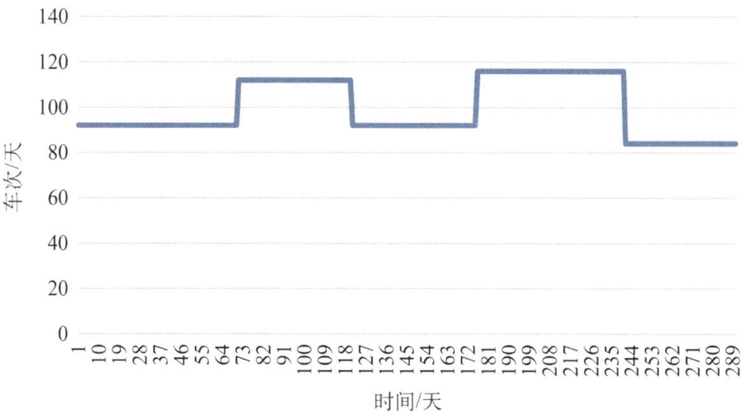

图 3-2　基坑开挖弃土外运所需车辆数变化

4）运输方案

龙华分院改扩建在基础工程施工阶段，将健民路切断，在该阶段施工的过程中，应尽量减少对于区域交通的影响。健民路作为一期工程施工基地唯一的交通要道，连接着与昌永路之间的主要出入口，该出入口也是基坑施工阶段施工运输车辆的必经之路。因此，必须保证健民路路口及进入昌永路的道路畅通，以保证一期工程的顺利进行。改扩建中，在健民路口增设闸机，在健民路与昌永路交叉口设置非施工车辆禁行标志，并在龙华分院的西南门右侧设置健民路施工绕行标志，对进出健民路的车辆进行严格限制。同时，安排交通协管员引导施工车辆进出基地，保证运输车辆的畅通。

由施工组织设计可知，本项目弃土场位于东莞，弃土车辆在夜间运输弃土，不会影响昌永路和龙观大道的通行。路线里程约 55 km，每趟(来回)运输时间大约 150 分钟。施工车辆弃土运输方案如图 3-3 所示。

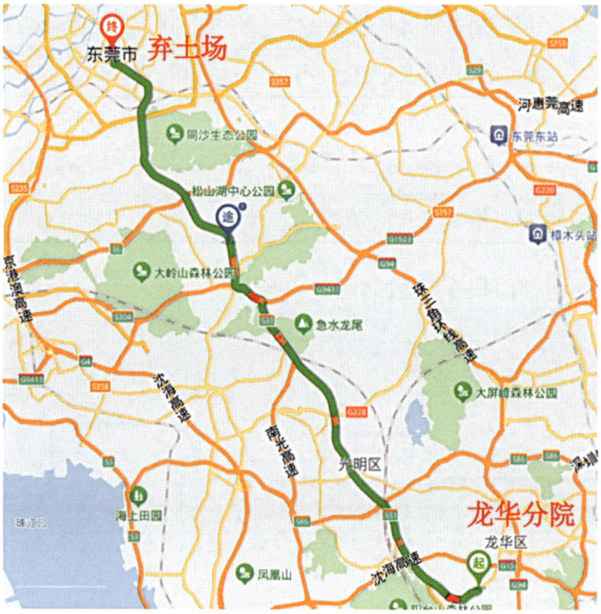

图 3-3　龙华分院弃土运输方案

5）主要建筑材料的进场运输

除土方运输外，基坑施工阶段建筑材料进场的运输交通量需求如表 3-4、表 3-5 所示。

表 3-4　建筑材料运输车辆数

项目名称	钢材、钢筋	水泥砼	模板	方木
每日车辆数	2	10	10	1

表3-5 建筑材料运输交通车次

序号	材料名称	供应期(天)	日供应量	车次(车次/天)
1	咬合桩钢筋	60	63 t	3
2	立柱桩、工程桩钢筋	20	40 t	2
3	钢管柱	10	47 t	3
4	内支撑架钢筋	10	14 t	1
5	咬合桩砼	30	30 m^3	6
6	立柱桩、工程桩砼	30	162 m^3	32
7	内支撑砼	8	40 m^3	8
8	模板	10	300 m^2	30
9	方木	10	7 m^3	1

2. 主体结构施工运输组织管理

医院进入主体结构建设以后，建材将成为运输工程的重点，高效稳定的建材运输是保证施工进度的重要前提。建筑材料的进场运输主要有以下几类：

1）混凝土运输（对龄期有时间要求类）

混凝土的运输在主体施工运输期间是需要优先保障的任务，以避免其在运输过程中出现时间浪费，导致混凝土初凝或性能下降，在进入场地的过程中应避免出现排队等待泵送的时间过长。

2）机械、模具、方木、钢管运输（可重复周转使用类）

此类可重复周转使用类施工物资运输的主要问题在于场地内部的储存数量和空间周转率。在满足施工使用的前提下，应避免过多的堆放、储存导致的施工场地浪费、对场地内部交通造成不利影响，干扰其他物资的运输和场地的交通流畅度。

3）钢筋、砌体、钢管运输（建筑结构材料类）

钢筋、砌体、钢管等大宗建筑材料的运输贯穿主体结构施工的各个阶段，尤其在标准层的施工过程中，材料的运输需求量相对稳定，对于钢筋、砌体、钢管运输，要根据需要调整至合适的运输进程节奏，缩短堆放储存时间。

龙华分院改扩建一期工程中住院医技大楼、后勤综合楼的主体结构施工及装修竣工材料运输交通量预测如表3-6所示。

表 3-6　主体结构施工及装修材料运输数据计算

序号	材料名称	供应期(天)	日供应量	车次(车次/天)
1	地下部分结构钢筋	100	26 t	2
2	地上部分结构钢筋	220	24 t	2
3	地下部分结构混凝土	210	96 m^3	20
4	地上部分结构混凝土	425	96 m^3	20
5	砌体	400	41 m^3	4
6	模板	30	577 m^2	50
7	方木	10	8 m^3	1
8	钢管	30	33 t	2

3. 运输时段选择

因其独特的功能需求，医院内外的交通有一定特殊性，一方面早高峰期间(7:30—9:00)和晚高峰期间(16:30—19:30)交通量相对较大，此时段不适宜渣土车及建材等通过医院出入口进出，施工交通导行方案应考虑该时段因素的影响。另一方面，渣土车在城区各市政主干道上行驶的时段也受到限制。施工单位应统筹协同，合理安排运输时间。泥头车和建材运输应考虑到住院患者与周边市政道路的影响。经过与交管部门的沟通及院内的调查问卷分析发现，下午 6 点至夜间 11 点为各方相对满意的运输时段，能够在最大程度上满足夜间住院患者的休息和市政交管部门的要求。因此，在交通组织方案的拟定中，不仅需要规划合理的路线，还必须参照施工各阶段具体的工艺、工法的要求，对施工期间的交通进行分时段、分阶段的合理配置。工程运输具体时间还应根据周边环境的条件与区域法规限制而定。

3.1.3　出入口的交通组织设计

医院改扩建期间的出入口交通设计，出入口与相邻道路之间距离不宜过小、坡度不宜过大，应当满足工程运输车辆转弯半径及爬坡能力的要求，出场相连道路宽度应当满足工程车辆车身宽度的需要，双向通道宽度应满足对向错车的需要。

1) 根据出入口排队情况合理优化闸机位置

医院入口的排队长度是排队车辆数量最多时段的排队长度，反映了医院入口的拥堵严重程度，也是医院交通组织需要重点解决的问题，必须通过交通组织措施严格控制各时段的车辆排队长度，为此，闸机位置的设置应有利于减少排队长度。

2）缩短出入口的收费时间

医院原有收费出入口主要采用三种收费方式，即人工计时收费、IC 卡计时收费、APP 扫码收费方式。人工计时收费方式效率较低，容易出现乱收费等不良现象。IC 卡计时收费虽解决了人工收费的不良问题，但由于进出时车辆需停下刷卡或换卡，通行效率依然不是非常理想。在医院建设期间内部停车位数量减少，缩短收费时间能有效提高医院内部车辆周转效率和出入口排队长度。

随着科学技术的发展，出入口的停车收费设备不断技术更新。最新的 APP 扫码收费方式操作简便，车辆通过效率得到了极大的提高。

3）出入口两侧设置即停即走通道

在场地允许的情况下，可在出入口两侧设置即停即走通道，方便入院人员停车落客，减轻对于外围道路通行能力的影响。龙华分院即停即走通道如图 3-4 所示。

图 3-4 龙华分院即停即走通道

在医院门口两侧空间富余的情况下，可将该通道布置于与医院沿线道路紧邻的医院内部，成为医院的“内部通道”，方便患者及家属的就诊及探视落客，避免违规停车及区域性交通拥堵。

4）各交通方式合理组织分离，力求减少冲突

由医院交通特性可知，医院交通源的交通方式多样化，有私家车、公共车辆、非机动车和步行等，多样化的交通混杂必然导致出入口处流线的混乱，严重时甚至影响车辆的进出及城市道路的畅通。因此，将各种交通源按交通方式在出入口处进行分离也是十分重要

的，例如非机动车和行人可在收费处另开一个口进出，而公交车站和出租车下车点则尽量与出入口纵向或者横向分离一段距离。另外，医院的职工车辆和就诊患者的车辆在高峰期应错时进入，职工应在就诊高峰期前进入医院停车，减轻高峰期车流压力。

3.1.4 医院慢行交通优化

慢行交通主要包含步行与非机动车交通。在我国大部分城市的交通结构中，慢行交通占据较大比例。2021 年住房和城乡建设部、国家市场监督管理总局联合发布现行国家标准《城市步行和自行车交通系统规划标准》(GB/T 51439)，将步行交通定位为城市居民出行的基本交通方式，自行车交通定位为城市居民出行的重要交通方式之一，明确提出城市交通要行人优先，改善居民出行环境，保障出行安全，提倡绿色出行，意在扭转长期以来城市交通以小汽车为主的局面，提倡慢行交通也是解决城市交通拥堵的手段。如何构建适宜的医院周边慢行环境，引导公众出行逐渐向绿色出行方式转变，是医院改扩建期间面临的现实问题。

1. 自行车管理

应规范自行车停放场地，根据自行车的出行需求，特别是医院出入口周边合理设置非机动车停车场配套设施，以免侵占步行系统空间。

根据深圳市规划和自然资源局发布的《深圳市城市规划标准与准则(2021 年)》，医院建筑的自行车停车配建指标由两部分组成，如表 3-7 所示。

表 3-7 建筑物自行车停车位设置配建指标

医院	门诊部	车位/100 m^2 建筑面积	0.4～0.7 个
	住院部	车位/床位	0.1～0.2 个

2. 人行过街设施

考虑到行人过街需求、车辆通行效率，与交叉路口相距较远的路段一般会设置专用的过街设施，如过街天桥和地下通道。过街设施由于整体成本较大，在行人过街方式中考虑得较少，因此过街设施的配置整体偏弱，居民在需要步行过街时耗费的时间成本也较大；此外，在过街设施设计中也常存在无障碍设计欠缺、自行车道通行不便等问题。

医院周边慢行交通设施系统的构建对提高绿色就医选择意向、降低小汽车出行比例、缓解医院改扩建期间周边的交通拥堵具有重要意义。在构建慢行交通设施系统时，需要将以往默认的“以车为主”的原则转换为“以人为主”，将建设重点放在合理规划公共交通站点、改善慢行出行环境上来。在具体的配套设施设计中，应考虑就医人群的需求，体现以人为本的理念和设计原则，如设置无障碍设施、过街天桥设施、遮阳遮雨设施等。

3.1.5　内部施工流线设计

医院改扩建期间临时通道的布置作为施工组织的关键，直接影响到施工场地内部的交通组织，包括施工各阶段施工运输路线安排，尤其是在渣土运输期间和基础结构浇筑阶段。临时通道承担着重要的运输任务，庞大的运量与紧凑的运输安排给交通组织造成了较大的影响，必须因地制宜设置符合场地现状的各阶段临时通道。

医院改扩建期间的临时通道的设计，包括施工场地内部和施工场地外部两种情况。施工场地内部通道主要包括浅层地下土清理、开挖，深层地下土开挖。其中，在浅层地下土的开挖阶段，临时道路可以布置于施工场地内部或周围，在基坑外围宽度充足的前提下，可采用环绕式施工流线进行交通组织，如果基坑边缘宽度不足，该阶段可采用中心十字形路线设计，在有限的空间区域内增加运输工作面，加快运输任务的完成。在条件允许的情况下，可以在十字形通道上设置两个出入口，保证双向通行足够的宽度。在下层深基坑的渣土开挖阶段，应该根据场地的大小，选择放坡运输或通道设置临时施工栈道。施工场地外部的运输通道的布设主要包括与渣土受纳场之间的交通运输流线安排、医院周边临时通道的开辟与管理，应尽量避免临时通道与医院就医区域各种交通之间的交叉干扰。此外，尽量使用成品钢筋混凝土预制件和现浇件以取代现场堆砌、加工的方式，以减少建材堆放占用场地内部的有限空间，缓解场地内部的物资周转困难的局面。

内部施工流线在设计时，应遵循就近原则和交通冲突最少原则。车辆进入院区后应优先引导车辆进入较近的停车区域，当该停车区域饱和后，再引导车辆进入其他停车区域。这样可减少车辆在医院内道路上的停留时间，减轻道路的交通压力。由于多出入口和多停车区域的存在，必然导致停车流线的交织和混杂，因此在进行车辆流线组织优化时，应根据实际道路情况，适当设计环形流线或采用分离不同方向流线等措施，通过时间和空间上的分离，将车辆间的冲突减到最少。

另外，应结合市政道路路网通行能力测算数据、红绿灯设置情况，与交管部门充分协商，优化渣土运输路线。

在医院改扩建期间，通过在出入口和周边交叉路口设立交通导流服务站，在交叉口设置相应的交通诱导标志，可减少车流和人流因盲目通行而导致拥堵的现象。

左转车流是造成交通冲突、延误、拥堵的主要原因，在医院改扩建期间应优先单向右转交通组织，在流线设计中避免左转车流导致医院内部交通堵死的情况。

3.2 建设时序的选择

3.2.1 时序方案

不同的建设时序对于交通组织的影响是不同的。医院建设时序将医院建筑进行模块划分，然后根据不同模块的区位、功能进行模块化分析，充分考虑任意两个模块之间的相互作用和相互影响，研究各部分之间相互作用时所表现出的依存性与不确定性。影响医院建设时序的因素主要有：施工进度、工程造价和管理便捷性等。

深圳市第三人民医院地处龙岗区李朗，医院总建筑面积 43 万 m^2，医院三面靠近城市主干路或高速公路，地处商业繁华及交通繁忙地段。医院改扩建项目要建设 4 栋建筑物，其中，传染病住院楼 E 栋位于已有的住院楼 A 栋、B 栋、C 栋、D 栋与医技楼 2 栋之间的开阔区域，拟建的综合住院楼 G 栋位于住院楼 A 栋和 F 栋西侧，拟建的多功能综合楼 H 栋位于 4 号楼行政楼东侧，急诊楼 J 栋位于 1 号楼门诊楼前方。各拟建楼层及主体高度如下：

（1）传染住院楼 E 栋 22 层，主体高度 99.1 m。

（2）综合住院楼 G 栋 23 层，主体高度 99 m。

（3）多功能综合楼 H 栋 24 层，主体高度 99.6 m。

（4）急诊楼 J 栋 1 层，主体高度 4.8 m。地下为 4 层地下室。

市三院改扩建中新建建筑分布如图 3-5 所示。

E 栋的建设周期为 3～4 年，在 E 栋的建设期间，使用探视入口作为渣土车或建材的运输入口。由于 E 栋的基础工程需要 8～9 个月，在该部分完成后才能开启 G 栋或地下连廊的施工，因此地下连廊的建设分两期分段完成。在此期间，将对地下连廊所在位置的医疗主干道进行开挖，采取分段绕行方案对其进行交通组织与施工安排。在建设时序上，根据工程建设可行性分析，提出 2 个建设时序方案，分别为：

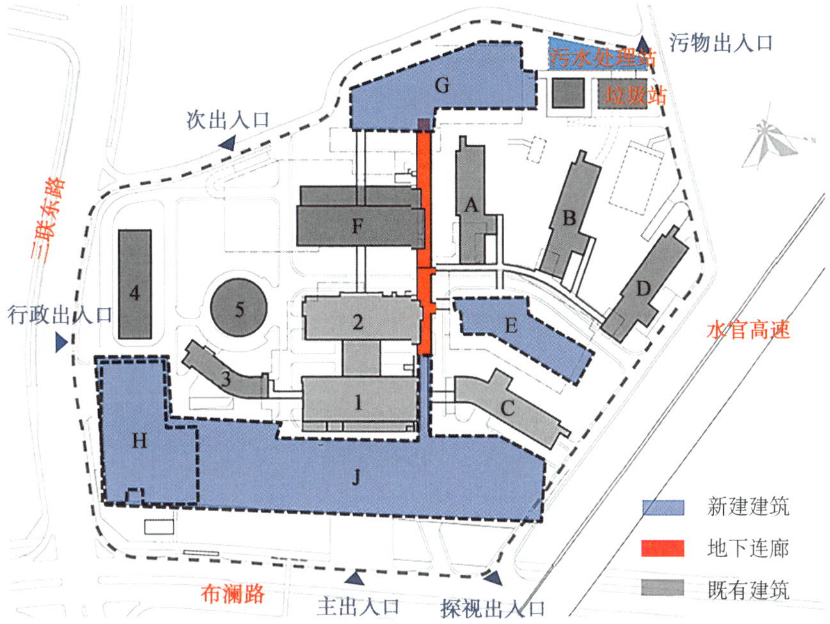

图 3-5　市三院改扩建新建建筑分布

方案一：E 栋→污水处理站→G 栋→H 栋→J 栋。

方案二：E 栋→污水处理站→J 栋→G 栋→H 栋。

3.2.2　比选原则

在市三院的改扩建项目中，参建各方与院方从专项技术分析和经济角度对 2 个建设时序方案进行了比较，原则如下：

(1) 建设时序应保障施工进度在其范围内开展时序的动态调整。施工进度是指在施工过程中各个工序的安排与时间顺序，以及各个工序的进度。在医院的改扩建过程中，合理的施工进度计划不仅决定着医院改扩建建设时序的安排，还能尽量减少对既有医疗活动的干扰。

(2) 建设时序应符合建设资金的调拨进度。在医院的改扩建过程中，建设资金是工程顺利完工的重要保障，与工程的建设时序密切相关。医院改扩建项目属于基础性投资，不当的建设时机往往会造成巨大的资金浪费，特别是在资金有限的情况下，同时对多个模块进行建设时，更需要合理安排建设时序。合理的建设时序方案，应能提高投入资金的使用效率，减少资金浪费。

(3) 建设时序方案应最大程度地保障既有医疗活动的开展。医院在改扩建的施工过程中，不仅要保证施工进度的顺利推进，还要兼顾医院的正常运营管理。不同的施工时序安排对于医院的管理会产生不同程度的影响，主要表现为：施工范围场地的协调、运输路线的安排、人员与机械的管理等，同时，改扩建应尽量避免地下工程同时施工。

(4) 项目建设应以新建工程为主线，穿插实施拆除、改造工程。

综合考虑以上多方面的因素，最终确定采用方案一为实际建设时序。因此，在后续部分进行交通组织分析时，以方案一作为建设的背景。

3.2.3 建设时序计划表

本章以深圳市第三人民医院改扩建项目为例进行分析，拟新建的 E 栋、G 栋、H 栋和 J 栋位于医院的不同区域，建设工程项目分布较散，具有建设主体多、项目业态多、限制因素多、界面协调难及相互牵制多的特点。为不影响医院各个科室正常的诊疗活动及医疗流线，针对建设期间的各工种施工的相互干扰、各个建设时期建设任务不同和影响范围有差异等问题，制定市三院改扩建工程的建设时序计划表，以减轻改扩建施工活动对医院内、外部区域交通的影响。

市三院的建设时序如表 3-8 所示。

表 3-8 建设时序计划

序号	建设内容	计划开始和完成时间	工期/月	备注
1	污水处理站工程(含管网道路)	2019.6—2020.1	8	调试验收后 2020 年 2 月投入使用
2	E 栋基坑/桩基工程	2019.6—2020.1	8	含土方开挖外运
3	E 栋地下主体结构	2020.2—020.7	6	含基坑支撑拆除和孔洞封堵
4	E 栋地上主体结构施工至竣工验收	2020.8—2022.6	23	含后续二次结构、安装、装饰、环境管网等
5	G 栋基坑(不含连廊和靠 A 栋处)	2020.2—2021.5	16	污水处理站投入使用、营养食堂拆除、垃圾处理站拆除。含土方开挖外运，2020 年 8 月后开挖土方
6	G 栋连廊和靠 A 栋处基坑	2020.9—2021.5	9	
7	G 栋及其连廊地下结构施工	2021.2—2021.12	11	分施工段流水施工，靠此出入口处先施工

（续表）

序号	建设内容	计划开始和完成时间	工期/月	备注
8	G栋地上结构施工至竣工验收	2022.1—2024.5	29	含后续二次结构、安装、装饰、环境等
9	H栋基坑/桩基工程	2022.7—2024.3	21	含土方开挖外运
10	H栋地下结构	2023.9—2024.1	5	H栋先进行土方开挖和地下结构施工，J栋土方和地下结构施工分2或3个施工进行流水搭接施工
11	J栋地下结构	2023.12—2024.8	9	
12	H栋地上结构施工至竣工验收	2024.1—2026.9	33	含后续二次结构、安装、装饰、H栋和J栋外环境管网等
13	横向连廊	2024.8—2025.9	11	含结构、建筑、管线
14	高压氧舱	高压氧舱由于工程量较小，视运营需要在交通条件允许情况下择机施工		
15	改造工程	改造工程在对应替代科室投入使用后陆续进行施工		

3.3　施工建设期的交通组织

3.3.1　交通组织衔接及出入口设置

1．交通组织原则

1）减少人车冲突

人车冲突是医院院内的主要交通矛盾之一，人车冲突主要是因为行人流线和车辆流线在院内产生交织。由于医院人群具有特殊性，大多身体状况不佳，反应较慢，因此人车流线的交织对行人的生命财产安全造成威胁，需要通过空间上的优化来减少人车流线的交织。

2）合理组织设计车辆流线，避免出现流线混杂

车辆在院内的交通流线，是车辆从进入院内至停车区域所经过的路线，由于医院的停车区域分布一般较为分散，车辆到达任意停车区域较为随机，各路线之间可能造成流线冲突，导致车辆进退两难，这种现象在高峰期尤为严重。因此，改扩建施工流线的提出，应充分考虑施工车辆流线的合并，以减少对院区内已有医疗流线的干扰。

3）合理组织单向交通

单向交通组织是交通组织的重要组成部分，是对某些路段实施全天候单向或限时段单向的管制，是在空间和时间上实现交通流重新分配的一种组织方式。实施单向交通不仅可以有效地减少人车之间的交通冲突，而且可以保障狭窄路段中车辆的顺畅通行。

通过设置单向交通，能有效解决车辆在院区的交通乱行现象。由于医院内部道路资源有限，单向交通的设立需慎重。

2. 交通组织衔接

施工流线变化会引起交通流线发生改变，很容易导致医疗流线与施工流线的交叉，给施工活动造成不必要的干扰，并且对患者及其家属的就医造成不便。因此衔接阶段的交通流线分离是不容忽视的问题。

在深圳市第三人民医院改扩建项目中，主要交通组织衔接节点是 E 栋主体工程完工时段和 J 栋地下工程竣工时段。在这两个时段，市三院的交通组织的空间与流线将发生全方位的变化，应该对具体变化采取针对性的交通组织调整，以适应医院改扩建施工造成的交通影响。

1）E 栋主体工程完工时段

该时段市三院 E 栋周边区域，包括医疗街在内的医院周边道路已经逐渐开放，使得施工期间的交通流线与交通管理发生较大的变化。机具、模板的运输撤离宜通过探视出入口运离，尽量减少对该区域周边 A 栋、B 栋、C 栋、D 栋住院楼夜间休息的影响。

2）J 栋地下工程竣工时段

随着 J 栋地下工程的完成，H 栋、J 栋建设期间的临时交通流线也将发生重大变化，之前封闭的医院正门也将重新启用，因此该阶段应当进行必要的调整，选择合理的交通组织方案。

3. 出入口设置

市三院有 5 个不同功能的出入口，分别是 1 号正门（主出入口）、2 号东南门（行政出入口）、3 号探视出入口、4 号次出入口、5 号污物出入口。出入口现状及位置分布如图 3-6、图 3-7 所示。

E 栋、G 栋、H 栋、J 栋不同施工阶段的任务进行分析，可确定各出入口的任务分工，如表 3-9 所示。

(a) 主出入口

(b) 行政出入口

(c) 探视出入口

(d) 次出入口

(e) 污物出入口

图 3-6　市三院出入口现状

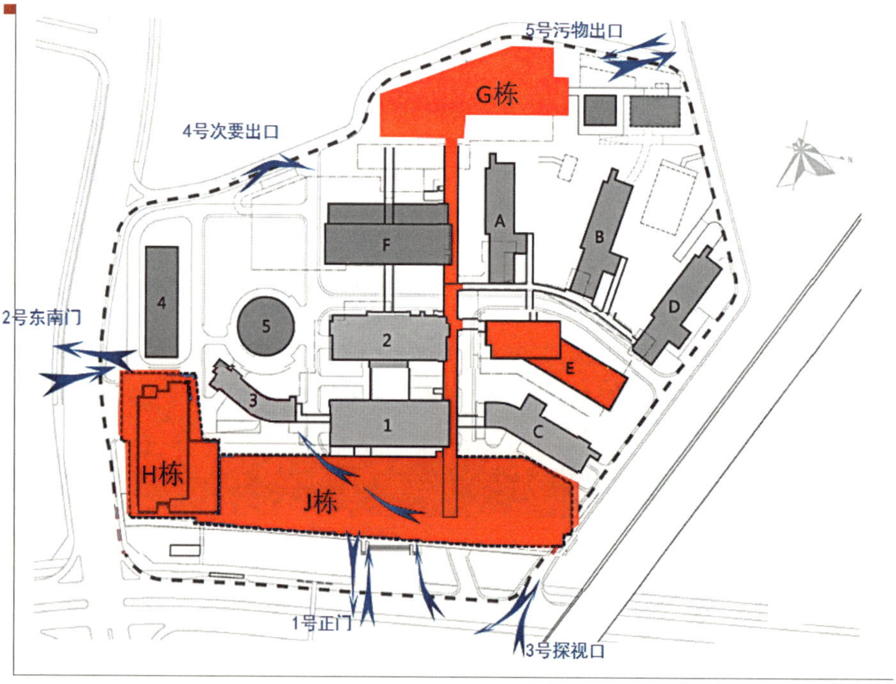

图 3-7　市三院出入口位置分布

表 3-9　出入口设置分解

序号	建设内容	时间段	出入口序号	出入口功能
1	污水处理站工程（含管网道路）	2019.6—2020.1	5 号	污水处理站施工和污物运输兼用
2	E 栋基坑/桩基工程	2019.6—2020.1	3 号	探视出入口 E 栋专用
3	E 栋地下主体结构	2020.2—2020.7	3 号	探视出入口 E 栋专用
4	E 栋地上主体结构施工至竣工验收	2020.8—2022.6	3 号	探视出入口 E 栋专用
5	G 栋基坑(不含连廊和靠 A 栋处)2020.8 后开挖土方	2020.2—2021.5	5 号	G 栋施工和污物运输兼用
6	G 栋连廊和靠 A 栋处基坑	2020.9—2021.5	4 号、5 号	4 号 G 栋施工运输专用；5 号 G 栋施工和污物运输兼用
7	G 栋及其连廊地下结构施工	2021.2—2021.12		
8	G 栋地上结构施工至竣工验收	2022.1—2024.5	4 号、5 号	4 号 G 栋施工少量使用；5 号 G 栋施工和污物运输兼用
9	H 栋基坑/桩基工程	2022.7—2024.3		次出入口，医护专用；行政出入口/主出入口施工专用

（续表）

序号	建设内容	时间段	出入口序号	出入口功能
10	H 栋地下结构	2023.9—2024.1	1 号、2 号、4 号	1 号、2 号施工专用；2 号就医患者及家属和医护专用
11	J 栋地下结构	2023.12—2024.8		
12	H 栋地上结构施工至竣工验收	2024.1—2026.9	1 号、4 号	1 号施工和就医车辆兼用 2 号就医患者及家属和医护专用
13	横向连廊	2024.8—2025.9	3 号	地下连廊施工专用
14	高压氧舱		5 号	施工与污物运输兼用
15	改造工程			各出入口择机使用

3.3.2 施工计划

1. E 栋施工计划

拟建的 E 栋传染病住院楼位于已有的住院楼 A 栋、B 栋、C 栋、D 栋与医技楼 2 栋之间的开阔区域。E 栋的主要建设任务是：首先进行 E 栋基坑支护，再对 E 栋地下结构所需的混凝土及钢材等建筑材料进行运输，待 E 栋建材进场之后进行 E 栋地下结构施工，完成 E 栋地下结构和土方回填，最后进行 E 栋设备、装饰、环境施工。E 栋在建设过程中，施工场地全封闭，施工进出通道相对独立，对医院既有建筑的医疗运营影响较小。

E 栋基坑、桩基施工计划如表 3-10 所示，地上结构施工计划如表 3-11 所示。

表 3-10　E 栋基坑、桩基施工计划

阶段	工作目标(内容)	2019 年							2020 年	备注
		6 月	7 月	8 月	9 月	10 月	11 月	12 月	1 月	
支护桩和盖梁施工	土方运输车辆/辆	12	12	12	12					运距约 39 km
	混凝土运输车辆/辆	5	5	5	5					运距约 5 km
	工程进度									工期剩 4 个月
桩基、立柱支撑施工	土方运输车辆/辆		20	20	20	20	20			运距约 39 km
	混凝土运输车辆/辆		6	6	6	6	6			运距约 5 km
	工程进度									工期 5 个月
土方开挖、横向支撑梁施工	土方运输车辆/辆					40	40	40	40	运距约 39 km
	混凝土运输车辆/辆					5	5	5	5	运距约 5 km
	工程进度									工期 4 个月
	分 3 个施工段流水作业开挖，土方总方量约 12 万 m^3									

表 3-11 E 栋地上结构施工计划

工作目标(内容)	持续时间	备注
地上主体结构	2020.7—2021.6	—
建筑工程	2020.12—2021.12	砌体、抹灰、外墙
管线桥架	2021.6—2022.4	—
装饰工程	2021.8—2022.6	—
设备安装调试	2022.2—2022.6	—
室外工程	2022.3—2022.6	—

根据建筑技术经济指标、施工大数据对 E 栋主要材料设备[施工/建筑设备(不包含运输车辆,含塔吊等大型施工设备)]进出场车次进行估算,E 栋主要材料设备、进出场车次估算如表 3-12 所示。

表 3-12 E 栋主要材料设备、进出场车次估算

材料种类(单位)	2019 年		2020 年				2021 年				2022 年		合计
	6—9 月	9—12 月	1—3 月	4—6 月	7—9 月	10—12 月	1—3 月	4—6 月	7—9 月	9—12 月	1—3 月	4—6 月	3 年
土方(m^3)	4 万	7 万	1 万	—	—	—	—	—	—	—	—	—	120 000
钢筋(t)	600	400	1 200	1 400	1 800	1 800	600	1 800	400	400	100	50	10 550
混凝土(m^3)	4 000	6 000	4 000	8 100	8 100	8 100	6 000	8 000	1 000	500	500	200	54 500
砖/砂石/管线类(t)	6	6	6	10	50	100	300	1 200	1 600	1 900	1 200	300	3 105
周转材料(t)	5	5	216	216	50	50	50	10	10	20	10	—	632
施工/建筑设备(t)	—	20	50	5	—	10	—	1	—	100	300	200	686
装饰/其他建材(t)	—	—	5	5	5	30	60	260	290	320	290	260	1 625

E 栋施工期间探视出入口运输车辆月均出入车次如图 3-8 所示。可以看出:①2019 年 9 月—11 月为土方开挖外运高峰;②2020 年 1 月为塔吊等施工机械、钢筋进出高峰;③2020 年 12 月—2021 年 6 月为建筑砂石砖、管线类施工材料进入高峰期;④2021 年 8 月至竣工为装饰材料建筑机电设备、医疗设备进场高峰期。

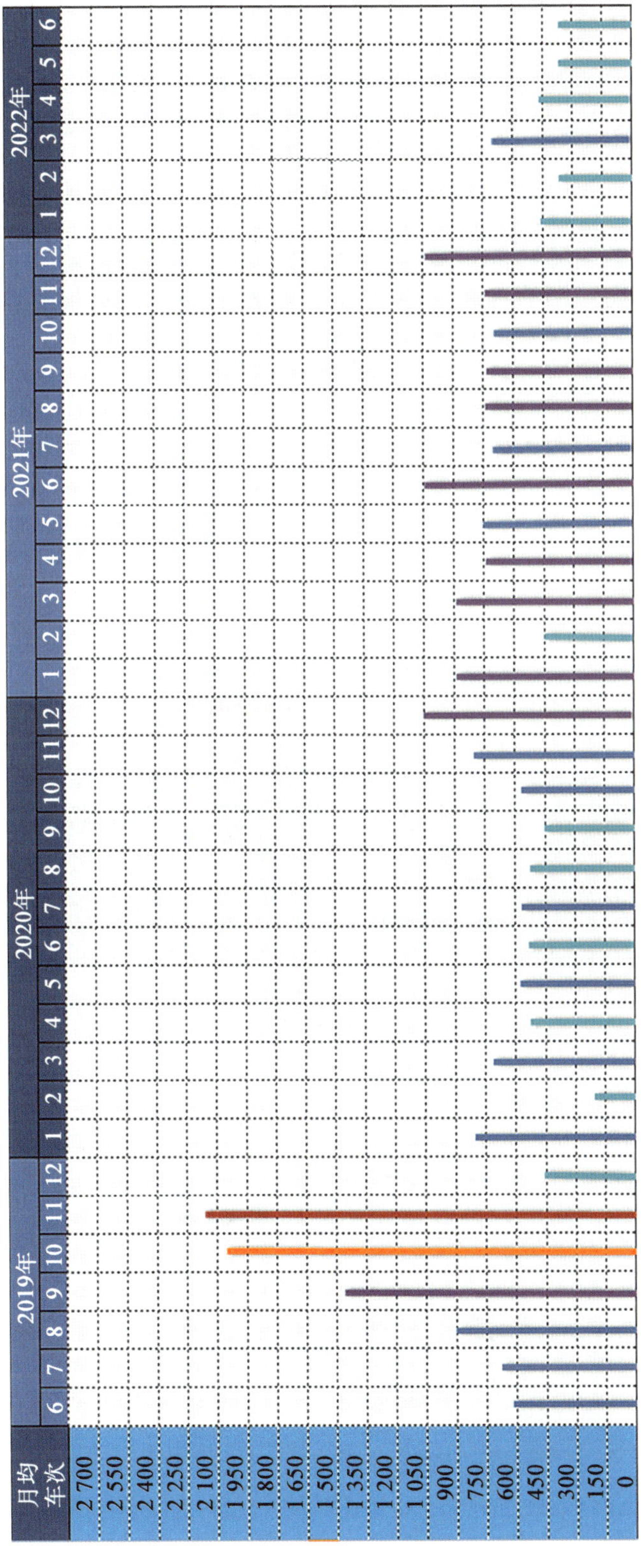

图 3-8 E 栋施工主要材料设备运输车辆统计(探视出入口)

2. G栋施工计划

拟建的G栋位于住院楼A栋和F栋西侧。在G栋的施工计划中，主要建设任务是：首先，进行G栋基坑支护施工（不含连接通道A栋上部少量区域基坑支护），以便后续开展G栋的地下连接通道的建设；其次，开始运输G栋主体施工所需的混凝土、砌块、钢材以及模具等建材；最后，进行G栋地上结构施工，以及竣工验收任务。

G栋基坑、桩基施工计划如表3-13所示，地上结构施工计划如表3-14所示。

表3-13　G栋基坑、桩基计划

工作目标(内容)	持续时间	备注
基坑支护和桩基	2020.3—2021.2	含立体桩、工程桩
土方开挖和横撑	2020.7—2021.5	
地下结构	2021.2—2021.12	

表3-14　G栋地上结构施工计划

工作目标(内容)	持续时间	备注
地上主体结构	2022.1—2022.12	
建筑和安装工程	2022.6—2023.11	砌体、抹灰、外墙
装饰工程	2022.12—2024.5	
设备安装调试	2023.6—2024.5	
室外工程	2023.7—2024.5	

根据建筑技术经济指标、施工大数据对G栋主要材料设备[施工/建筑设备（不包含运输车辆，含塔吊等大型施工设备）]进出场车次进行估算，G栋由于专业工程最多，相比普通公共建筑，设备和管线含量系数约40%。G栋主要材料设备、进出场车次估算如表3-15所示。

表 3-15　G 栋主要材料设备、进出场车次估算表

材料种类/单位	2020 年			2021 年				2022 年				2023 年				2024 年	合计
	3—6 月	7—9 月	9—12 月	1—3 月	4—6 月	7—9 月	10—12 月	1—3 月	4—6 月	7—9 月	10—12 月	1—3 月	4—6 月	7—9 月	10—12 月	1—5 月	4 年 2 个月
土方/m^3	4 000	27 000	27 000	20 000	36 000	—	—	—	—	—	—	—	—	—	环境回填 12 000		120 000
钢筋/t	200	300	600	500	1 000	900	1 000	1 400	1 600	2 000	1 600	400	300	200	100	150	—
混凝土/m^3	2 000	2 200	2 800	2 200	2 800	2 400	2 400	6 200	6 100	6 100	6 100	400	500	300	200	300	43 100
砖/砂石/管线类/t	10	10	10	10	15	15	16	16	300	500	600	500	200	200	300	400	3 102
周转材料/t	6	6	280	400	450	20	2	2	2	2	2	2	2	5	5	5	591
施工/建筑设备/t	500	200	200	400	5	—	100	—	—	—	—	—	100	200	200	500	2 400
装饰/其他建材/t	5	6	—	5	6	—	5	6	55	218	520	560	630	520	460	260	3 256

G 栋施工期间，污物出入口运输车辆月均出入车次（不考虑施工人员上下班和来访车辆，按每天 50 车次进行估算）如图 3-9 所示。可以看出：①2020 年 9 月—2021 年 5 月为土方开挖外运高峰；②2021 年 3 月为塔吊等施工机械、钢筋、周转材料进出高峰；③2022 年 6 月—2023 年 11 月为建筑砂石砖、管线类施工材料进入高峰期；④2022 年 12 月至竣工为装饰材料、建筑机电设备、医疗设备进场高峰期；⑤2022 年 7 月后，由于 H、J 栋已开工，为缓解院区运营交通压力，靠公园的次出入口只允许蓝牌车运输零星材料。

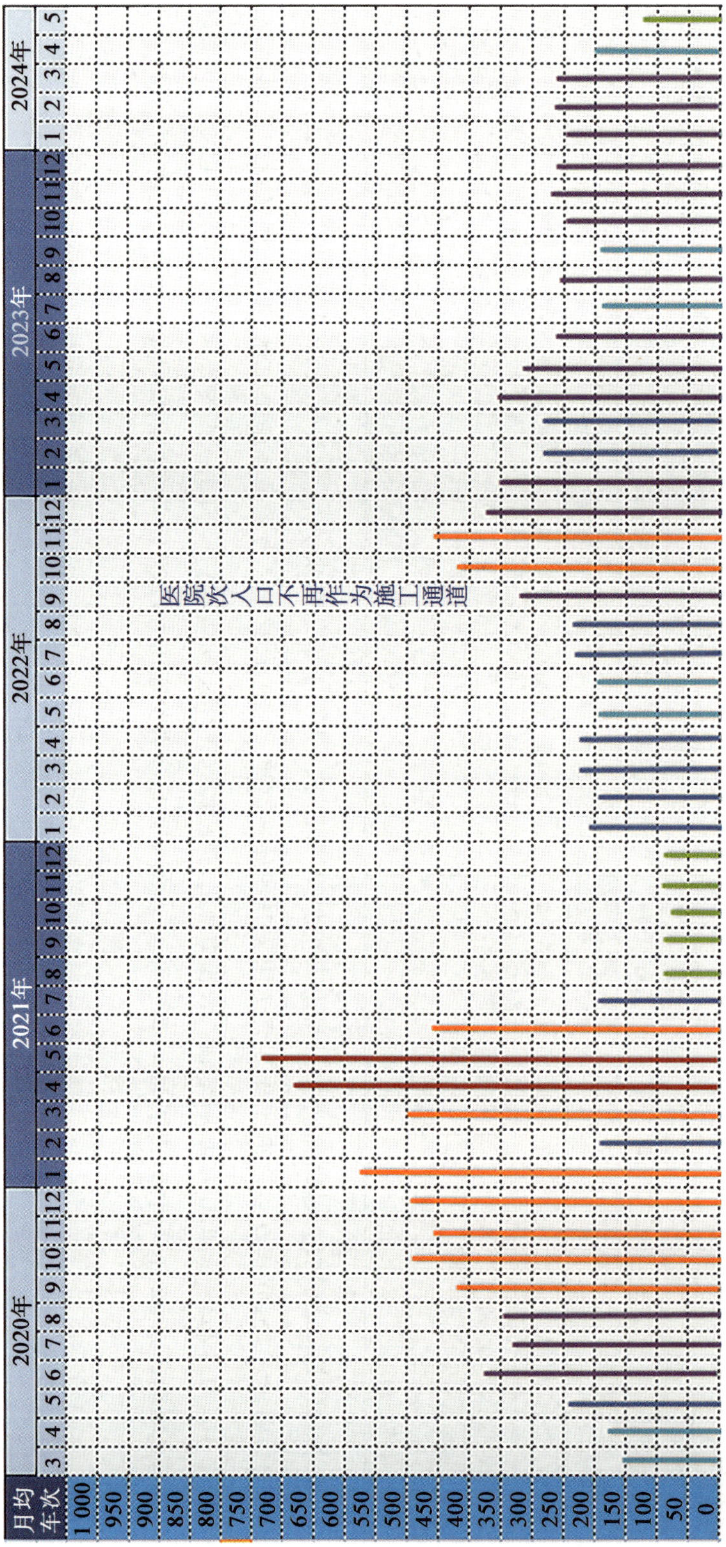

图 3-9　G 栋施工期间污物出入口月均出入车次估算

G栋施工期间，次出入口运输车辆月均出入车次（不考虑施工人员上下班和来访车辆，按每天50车次进行估算）如图3-10所示。2022年7月后G栋装饰阶段由于H、J栋已开工，为缓解院区运营交通压力，靠公园次出入口只允许蓝牌车运输零星材料。可以看出：①2021年3月为塔吊等施工机械、钢筋、周转材料进出高峰；②2022年6月—2023年11月为建筑砂石砖、管线类施工材料的进入高峰期；③2022年12月至竣工为装饰材料、建筑机电设备、医疗设备进场高峰期。

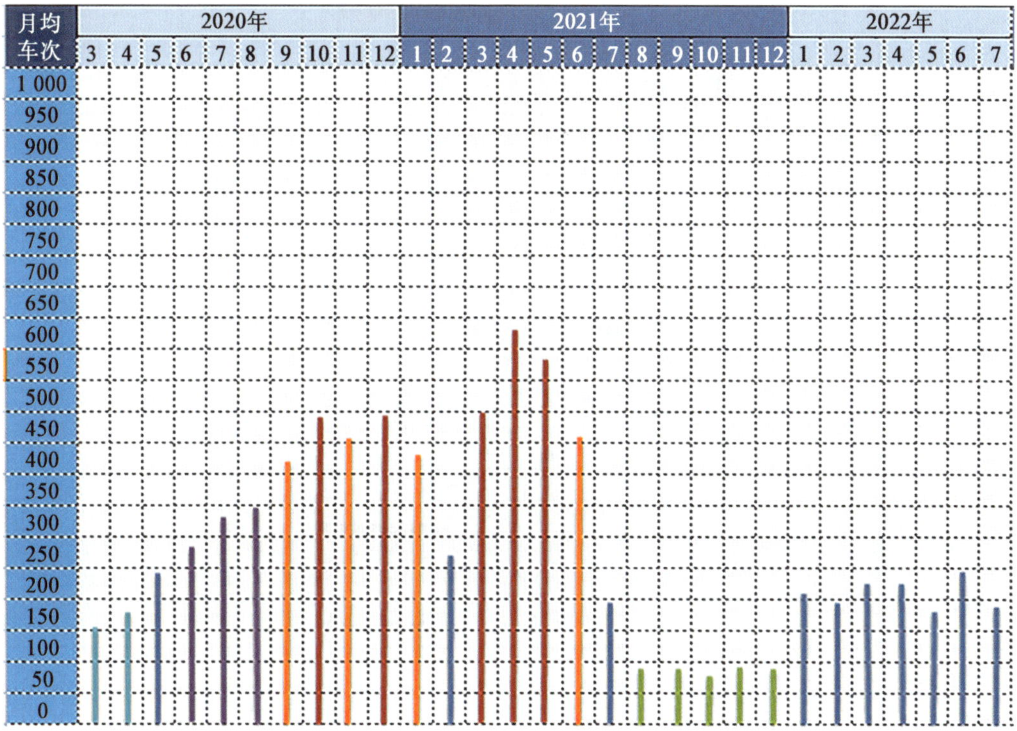

图3-10　G栋施工期间次出入口月均出入车次估算

3. H、J栋施工计划

拟建的多功能综合楼H栋位于4号楼行政楼东侧、急诊楼J栋位于1号楼门诊楼前方。在H、J栋的施工计划中，主要建设任务是：首先进行H、J栋基坑支护开工，以及H、J栋基坑支护钢架、桩基设备运输进场，以便后续开展H栋地上主体施工、J栋地下设备管线安装，再进行地面广场施工，H、J栋设备的拆除外运、H栋装修竣工、J栋地面广场施工竣工验收。

H、J栋基坑、桩基施工计划如表3-16所示，地上结构施工计划如表3-17所示。

表 3-16　H、J 栋基坑、桩基施工计划

工作目标(内容)	持续时间	备注
基坑支护和桩基	2022.7—2023.7	含立体桩、工程桩
土方开挖和横撑	2023.3—2024.3	
地下结构	2023.9—2024.8	

表 3-17　H、J 栋地上结构施工计划表

工作目标(内容)	持续时间	备注
地上主体结构	2024.1—2024.11	
建筑和安装工程	2024.5—2025.7	砌体、抹灰、外墙、管线等
装饰工程	2025.2—2026.9	
设备安装调试	2025.7—2026.9	
室外工程	2026.3—2026.9	

根据建筑技术经济指标、施工大数据对 H、J 栋主要材料设备[施工/建筑设备(不包含运输车辆,含塔吊等大型施工设备)]进出场车次进行估算,H 栋由于信息、档案、视教、会议中心、图书馆、病案室、科研用房等综合布线,设备工程量相比其他楼栋偏大。H、J 栋主要材料设备、进出场车次估算统计如表 3-18 所示。

H、J 栋施工期间,行政出入口运输车辆月均出入车次如图 3-11 所示。可以看出:①行政入口需协调市政、交警占用 2 号路半幅车道,占用时间至 2024 年 6 月地下结构施工完成,2024 年 7 月后该施工出入口取消,恢复交通;②2023 年 4 月—2024 年 3 月为土方出土高峰。

H、J 栋施工期间主出入口运输车辆月均出入车次如图 3-12 所示。

表 3-18　H 栋和 J 栋主要材料设备、进出场车次估算统计

材料种类/单位	2022 年		2023 年				2024 年				2025 年				2026 年			合计
	7—9 月	10—12 月	1—3 月	4—6 月	7—9 月	10—12 月	1—3 月	4—6 月	7—9 月	10—12 月	1—3 月	4—6 月	7—9 月	10—12 月	1—3 月	4—6 月	7—9 月	/
土方/m^3	3 600	3 600	36 200	90 000	100 000	100 000	71 600	—	—	—	—	—	—	—	环境回填约 16 000			405 000
钢筋/t	425	160	580	620	880	1 200	1 280	1 056	1 220	780	200	100	20	20	100	100	5	9 046
混凝土/m^3	3 600	4 600	5 800	6 600	8 600	8 600	12 600	13 200	12 000	11 000	2 000	2 000	2 000	2 000	2 000	2 000	1 000	99 600
砖/砂石/管线类/t	20	10	—	—	—	—	—	2 000	3 000	2 500	2 000	1 500	1 000	1 000	1 000	1 000	1 000	15 000
周转材料/t	20	10	10	300	1 200	1 300	600	—	—	6	—	—	10	6	10	8	—	2 590
施工/建筑设备/t	200	100	—	—	100	50	—	50	—	10	—	50	500	1 000	100	500	300	2 960
装饰/其他建材/t	5	10	12	5	—	6	—	—	—	500	700	600	500	500	400	300	200	3 738

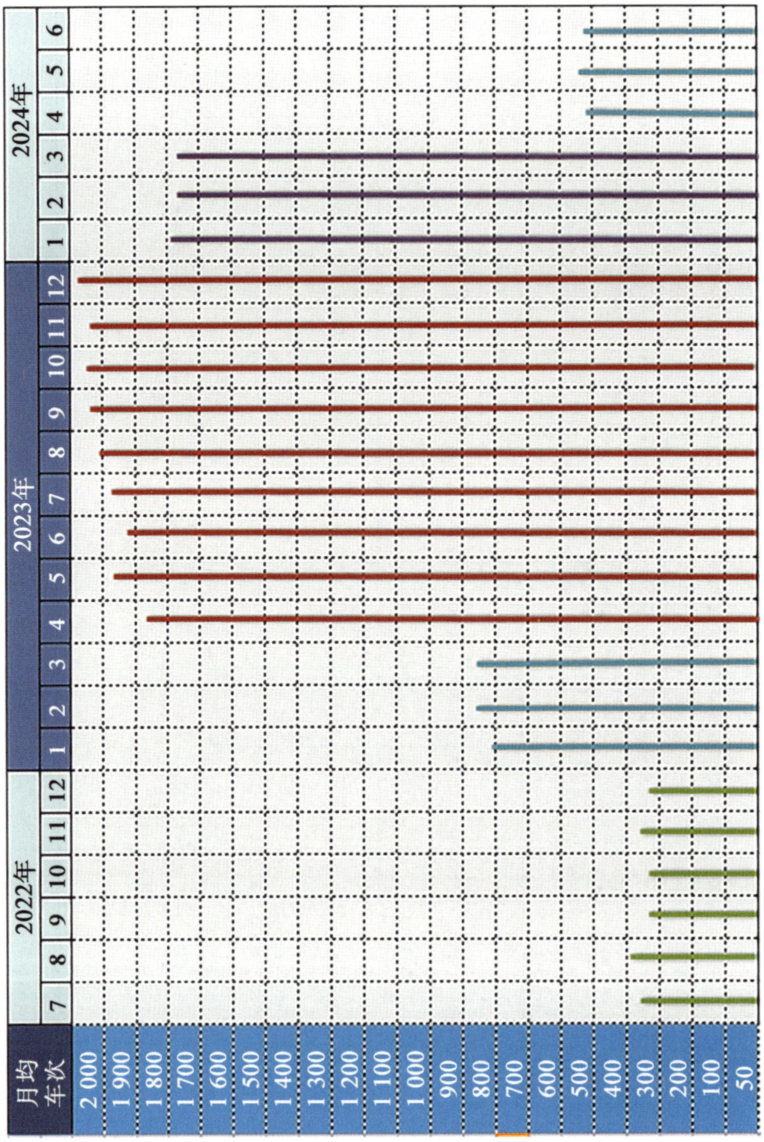

图 3-11　H和J栋行政出入口月均出入车次估算

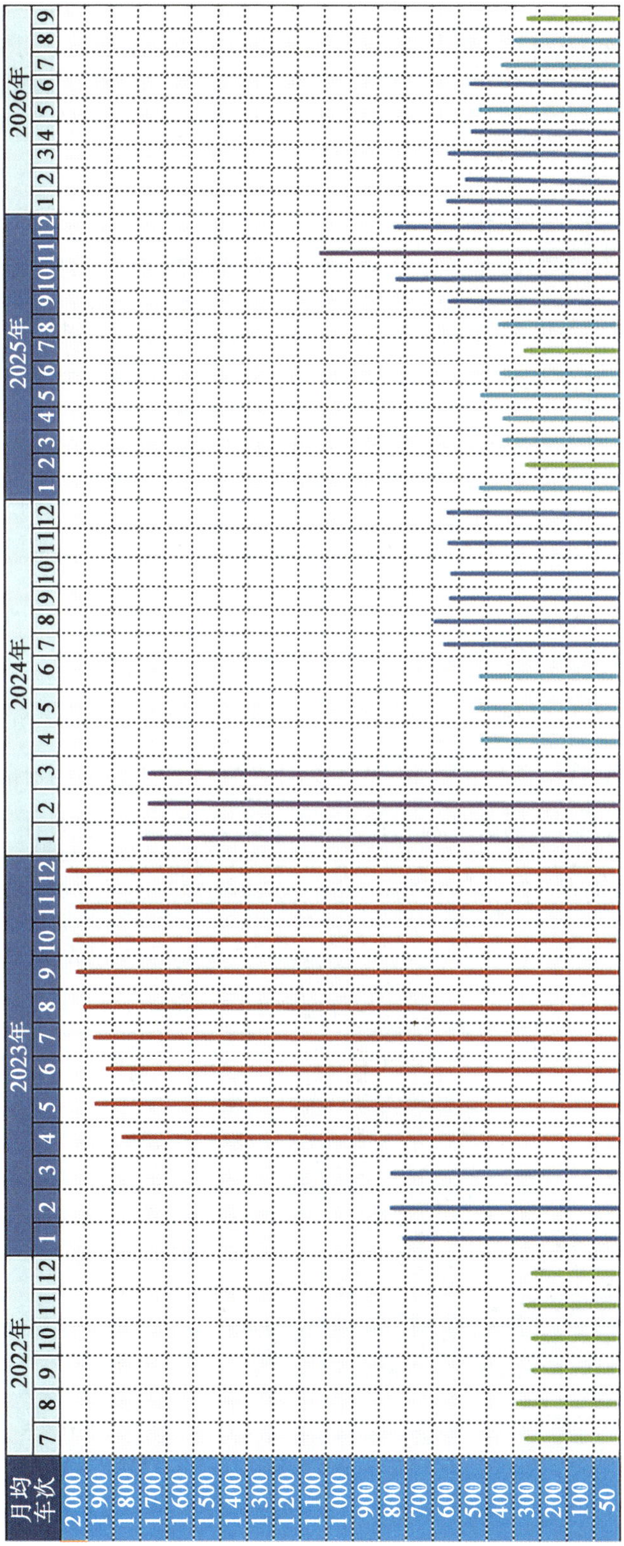

图 3-12　H 栋和 J 栋主出入口月均出入车次估算

3.3.3 交通组织设计

在市三院改扩建项目中，交通组织设计共分为以下七个阶段。

阶段一：E 栋基坑、污水处理站

阶段一的施工时间段为 2019 年 6 月—2020 年 3 月，持续时间 9 个月。

由于拟建 E 栋场地的基坑开挖南部边缘与医技 2 栋之间的边缘仅有 2.56 m，E 栋南部医疗街连通道支护施工启动后，即 E 栋与医技二栋之间的医疗街在 E 栋施工期间将被完全占用。西部边缘完全占用住院楼 A 栋、B 栋、D 栋的医疗道路。

E 栋的桩基工程施工持续 8～9 个月，施工期间应尽量减少对医疗流线的干扰，启用探视出入口和西北角污物出入口作为 E 栋施工的渣土运输及建材建厂的主要通道，在保证 E 栋正常施工的前提下，尽量减少对医疗流线的干扰。此外，在 E 栋周围设置施工围挡及交通诱导标志，保证医院交通流线的正常通行。

因此，在改扩建期间，不仅要确保施工活动的安全有序，而且要在基坑边缘南侧、西侧、东侧地带做好场地隔离与交通引导。在门诊楼通往医技楼 2 栋，住院楼 A 栋、B 栋、D 栋及 F 栋的医疗流线上对车辆和行人流线做好交通诱导，根据建设的施工时段及车辆流线的设计，设置交通诱导标志，对既有道路上的地面、地下标线进行调整。阶段一交通流线设计如图 3-13 所示。

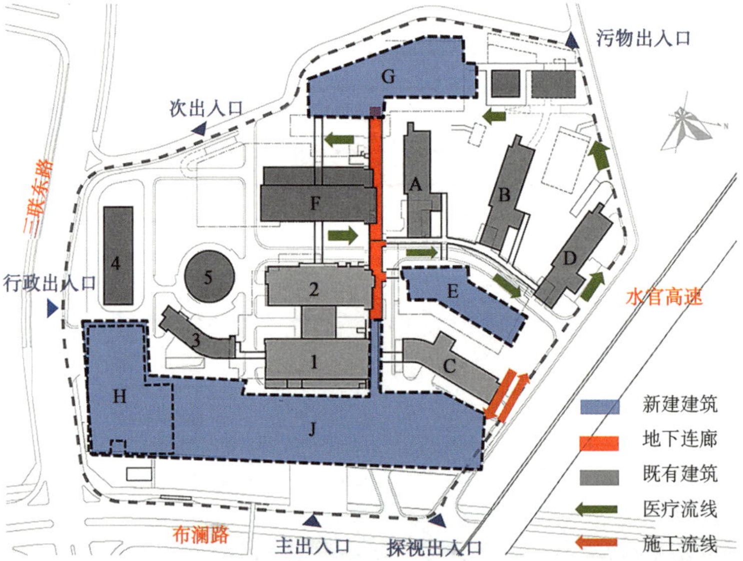

图 3-13 阶段一交通流线设计

阶段二:E 栋地下结构、G 栋基坑及桩基

阶段二的施工时间段为 2020 年 3 月—2020 年 8 月,持续时间 5 个月。

在 E 栋主体结构及装修施工阶段,由于 E 栋南部医疗街连通道支护施工的启动,医院医疗街的交通原状被破坏,F 栋、A 栋、医技楼、新建 E 栋之间的交叉口将成为医院交通的咽喉。该阶段对 E 栋的交通组织有以下设计要点:

(1) 该处在地下支护施工过程中,应优先保障从医技楼和 F 栋之间自南向北进入 A 栋、B 栋、D 栋住院楼的双向连通,并派专人指挥控制车辆、人员交通。

(2) 在地下连廊支护施工过程中,禁止车辆自门诊楼南侧进入门诊楼北侧。

G 栋建设时,将拆除现有污水处理站及营养食堂,医院应规划营养食堂的搬迁方案,并在污水处理站建设期前完成污水处理验收沟通、协调事项,G 栋建设须在新建污水处理站投入使用后方可进行。

在 G 栋基坑及桩基施工阶段,地下连廊和靠 A 栋处基坑支护暂不施工,待 E 栋地下结构施工完成后再实施。此阶段 G 栋施工人员由次出入口进出,污物出入口由 G 栋施工和污物运输兼用。阶段二交通流线设计如图 3-14 所示。

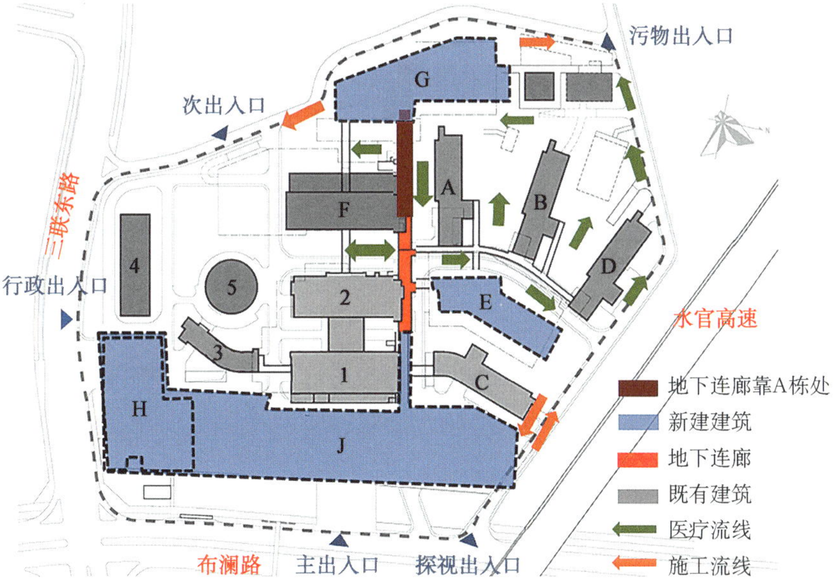

图 3-14　阶段二交通流线设计

阶段三：E 栋地下结构和土方回填、G 栋地下连接通道基坑支护开工

阶段三的施工时间段为 2020 年 9 月—2021 年 12 月，持续时间 15 个月。

G 栋施工期间，E 栋施工已基本完成，因此，周边的交通已基本恢复，对于院内的医疗流线的组织较为有利。该阶段 G 栋施工与医院街的地下连廊二段并期施工，待土方开挖完成后设置临时栈桥，保障连接 A、B、D 栋住院楼与医院门诊、医技之间的医疗通道。

G 栋连廊及其地下结构施工时次出入口为 G 栋施工运输专用，污物出入口由 G 栋施工和污物运输兼用。次出入口位于医院的西南角，附近的通道宽度不足 3 m。在医院的 G 栋施工期间，为了减缓对医院其他区域的交通影响，保证该通道的畅通，需要挖除教堂附近的土体，拓宽施工道路宽度。保证施工期间泥头车、建材运输车及其他工程车辆的顺利通行。阶段三交通流线设计如图 3-15 所示。

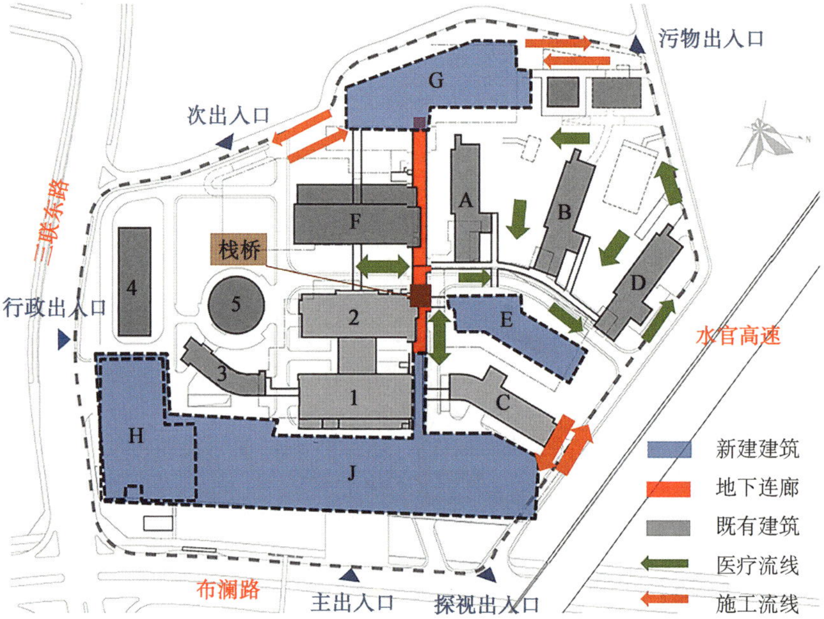

图 3-15　阶段三交通流线设计

阶段四：E 栋设备、装饰、环境的施工、G 栋地上结构施工

阶段四的施工时间段为 2021 年 1 月—2022 年 7 月，持续时间 18 个月。

在 G 栋施工后直至 J 栋地面施工完成，污染区的 A、B、C、D 四栋住院楼地面不停放院内职工和社会私家车辆，只停放医用运输和公用运输车辆。在 G 栋施工后至 H/J 栋开工前，可利用已完成的 F 栋缓解传染病区地面停车压力。当 G 栋投入使用、H/J 栋开工

后，次出入口作为门诊医护和后勤车辆主要进出通道，探视出入口作为住院探视车辆主要进出通道。

污水处理站、垃圾站等污物区靠 G 栋施工处必须设置高于 2.8 m 的围挡，污物出口处、施工围挡处和清污分界线处应设置警示标语和标志。由于与 G 栋的施工出入口共用，应定期对污物出入口处的道路设施进行清洁消毒。

E 栋出地平以后，E 栋南侧医疗街道路恢复通行，以缓解医院内部的交通压力，开放 F 栋西面的医院内部道路作为医院医疗交通流线循环驶出路线。G 栋主体施工运输通过医院后期开辟的施工出入口进出，实现与医疗交通的完全隔离，如图 3-16 所示。G 栋地上结构施工阶段仅少量使用次出入口，阶段四交通流线设计如图 3-17 所示。

图 3-16　G 栋主体施工运输新开辟施工出入口位置

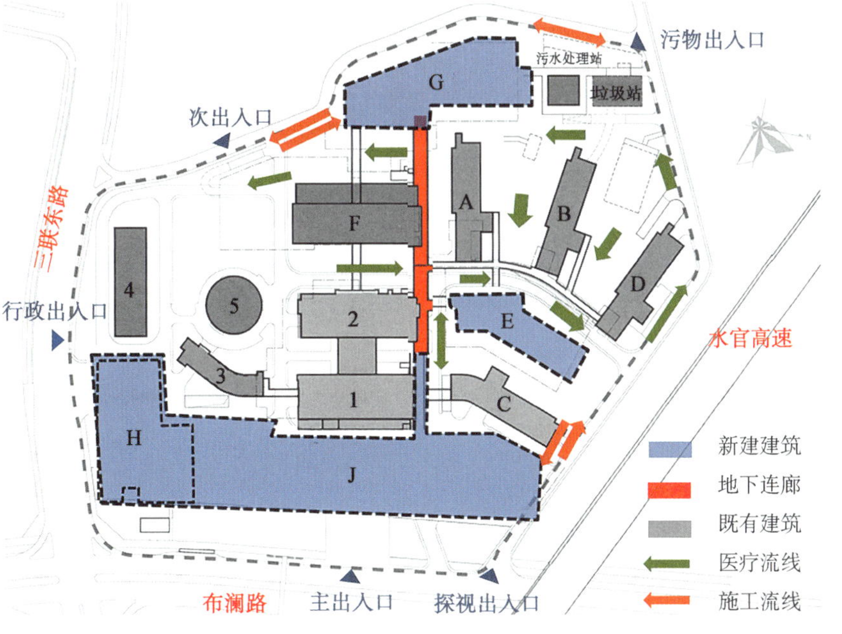

图 3-17　阶段四交通流线设计

阶段五：E栋投入使用、G栋竣工验收，H、J栋基坑支护开工

阶段五的施工时间段为2022年7月—2024年6月，持续时间23个月。

当E栋完成地表以下基础工程后，新建污水处理站已基本完工，渣土的运输已基本完毕。该阶段E栋建设的主要运输任务是建材运输，主要通过原探视通道进入施工场地。

此阶段H栋和J栋施工对于医院交通流线主要的影响在于医院主出入口的关闭，之前的门诊就医交通流线被完全破坏；H栋基坑支护和地下结构施工期间，涉及三联东路半幅占道，应提前做好占道的相关申请手续，经公安、交通、市政、城管等上级管理部门批准后方可占道，使用完毕后应及时恢复。此外，J栋的施工出入口设置在原医院正门位置。因此，在医院外部需设置合理的引导标志，引导车辆从H栋旁施工次出入口进入医院，并且对医院内部的停车数量进行调整。阶段五交通流线设计如图3-18所示。

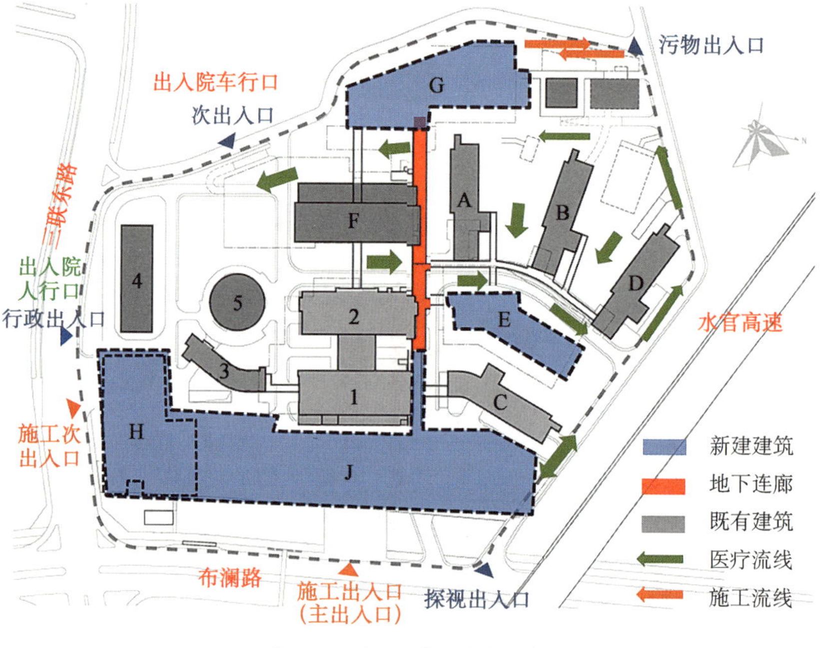

图3-18　阶段五交通流线设计

阶段六：H栋地上主体施工、J栋地下设备管线安装

阶段六的施工时间段为2024年7月—2025年9月，持续时间14个月。

在此阶段H栋和J栋施工的渣土运输车辆通过布澜路主出入口进出，而此时E栋的施工流线仍然可沿用阶段一的施工渣土运输流线进行交通组织。

在市三院的 H、J 栋施工期间，尽管外围的空间相对开阔，可利用的渣土运输通道较多，但是，无论选取哪一种流线进行渣土外运，都不可避免地对医院现有医疗活动造成一定影响。因此，在 H、J 栋施工期间的渣土开挖过程中，应结合医院门诊入院的流线进行调整，保证有效引导和合理的医疗道路的设置。在 J 栋地下四层的开挖建设中，应尽可能分区施工，分时段设置临时道路，尽量在任何时段保持与布澜路的连通，并配以相应的交通管制，维持基坑地下土开挖、外运阶段的施工运输。阶段六交通流线设计如图 3-19 所示。

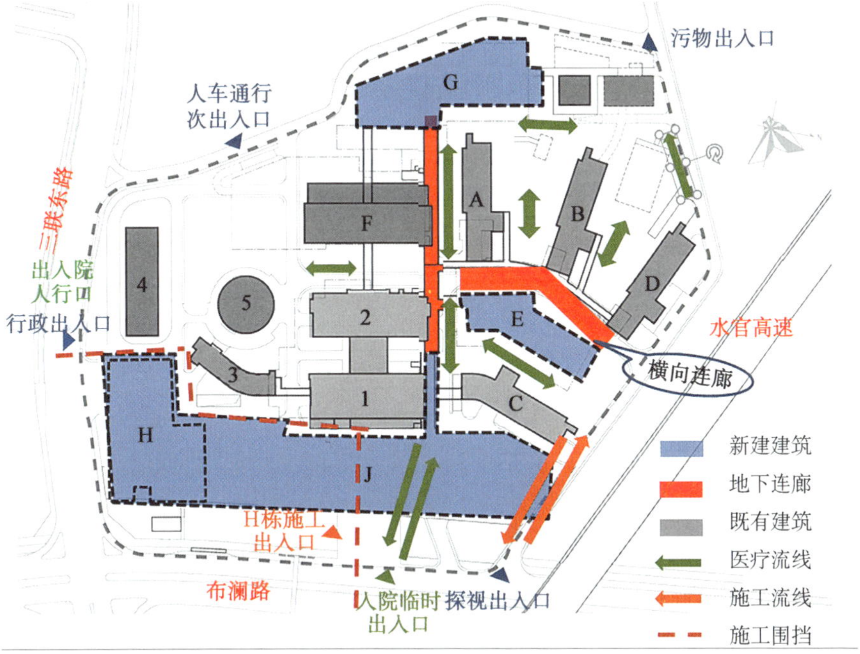

图 3-19　阶段六交通流线设计

阶段七：H 栋装修竣工、J 栋施工竣工验收

阶段七的施工时间段为 2025 年 9 月—2026 年 9 月，持续时间 12 个月。

J 栋施工完成后，主出入口也可作为入院车辆进出通道。F 栋和科研医技楼的地下车库可按楼层划分医患分区，首先保障医护人员的停车需求。阶段七交通流线设计如图 3-20 所示。

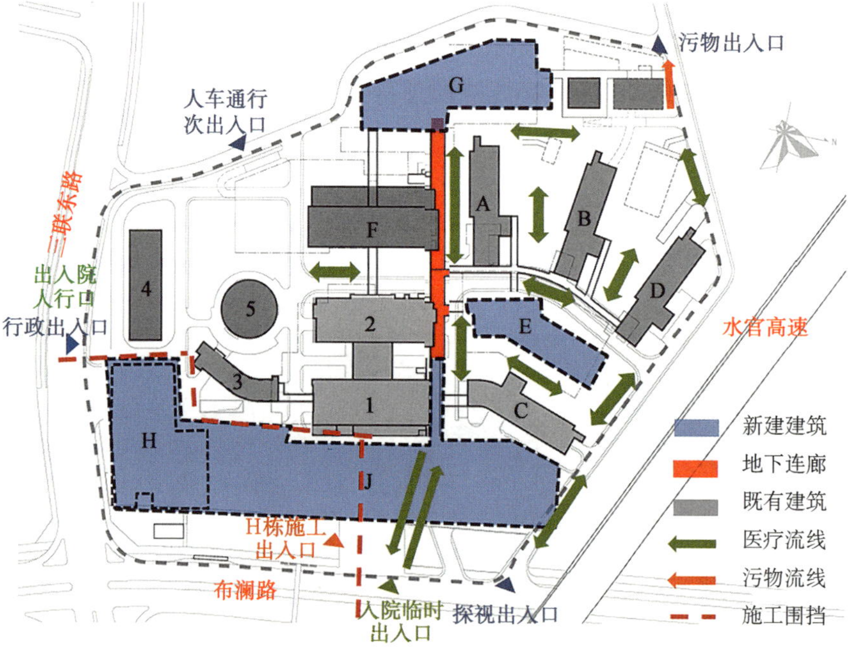

图 3-20　阶段七交通流线设计

第 4 章　医院交通组织的合理性评价

医院改扩建建设周期较长，因此对医院内部的正常运营会产生显著影响。为了缓解改扩建期间医院院区内部及外部的交通压力，保障医院的正常运营、周边居民的正常生活及改扩建工程的顺利施工，有必要进行改扩建期间的交通组织。同时，也应意识到不合理的交通组织方案不仅会使交通问题更加严重，甚至会影响工程的正常进行。为了保证方案的可行性和科学性，对提出的交通组织方案进行合理性评价，对决策的制定、方案的实施都有着重要的意义。

4.1　交通组织评价模型构建

层次分析法（analytic hierarchy process）简称 AHP，在 20 世纪 70 年代初期由美国匹兹堡大学运筹学家托马斯·塞蒂（T. L. Saaty）为美国国防部研究“根据各个工业部门对国家福利的贡献大小而进行电力分配”的课题时提出。它是一种应用网络系统理论和多目标的综合评价方法，提出的是一种层次权重决策分析方法。这种方法的特点是在对复杂的决策问题的本质、影响因素及其内在关系等进行深入分析的基础上，利用较少的定量信息使决策的思维过程数学化，从而为多目标、多准则或无结构特性的复杂决策问题提供简便的决策。其特征是合理地将定性与定量的决策结合起来，按照思维、心理的规律把决策过程层次化、数量化，是系统科学中常用的一种系统分析方法。

本章采用目标层次分析法来构建医院建设交通组织合理性综合评价体系。

目标层次分析法的核心思路为：先将抽象的目标按逻辑分类，由上向下展开为若干目标，再把各个目标分别向下展开为分目标或准则，依次类推，直到可定量或可进行定性分析（指标层）为止，如图 4-1 所示。一般顶层为抽象的目标，第二层为若干具体目标，中间为若干准则层，最后一层为指标层。

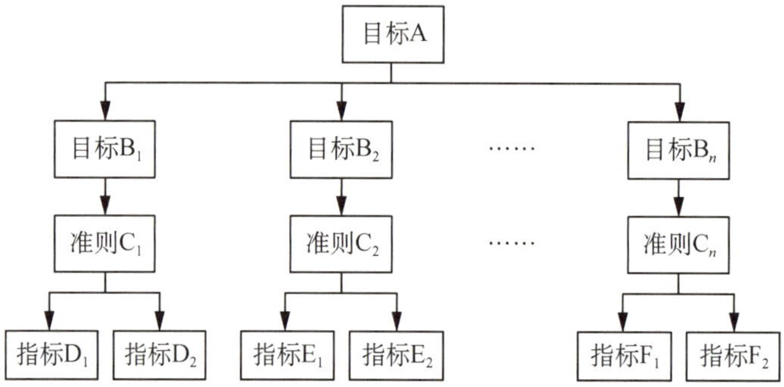

图 4-1　评价指标体系结构

4.2　交通组织评价指标的筛选及综合权重

4.2.1　评价指标的筛选原则

由于医院改扩建期间交通问题具有的多元性及多维性，造成了交通组织的复杂性，这给合理性综合评价体系的建立带来了困难。为建立起一个准确有效的评价指标体系，确保评价结论的客观性、科学性和系统性，评价指标的筛选必须遵循如下的原则。

1. 典型性

所选指标应能客观反映医院改扩建期间交通组织的合理性，并应尽可能地用科学方法表述或定量表述，同时，因医院建设涉及因素众多，不能全部拿来研究分析，只能选择其中一部分来表征问题，所选指标应具有代表性，不能过多过细以避免指标的繁琐和相互重叠，不能过少过简以避免指标信息遗漏，应使评价指标体系具有全面性和客观性，使之最大程度地符合现场实际。

2. 易操作性

所选目标必须简单明确、概念清晰，评价指标应能充分反映医院改扩建的特点及其对医院内部和外部交通的实际影响，所筛选出的指标应与实际应用相结合，具有可测量性或可计算性，同时应保证所选指标能体现出可比性。

3. 定性与定量相结合

医院改扩建交通组织合理性评价所选择的各项指标并不是都可以定量描述的，部分指标无法用精确的数字来进行描述和分析，只有使用定性的方法。定性描述的指标与定量指标的结合，可从不同角度表述评价体系的综合性。

4. 避免相关性

各指标存在于同一个系统中，因内部关系的复杂性，各指标间可能存在着相互依赖性和关联性，在选取评价指标时，应尽量避免指标之间存在相互包含关系，使各指标均具有独立性，以提高评价结果的准确性和客观性。

4.2.2　评价指标的量化

评价指标分为定性指标和定量指标两类，本章所提出的医院建设交通组织合理性评价体系，是以定性与定量指标的相互结合为原则建立起来的，其中，定量分析是通过一系列试验及检验，运用科学及合理的方法来确定评价指标体系的过程；定性分析则主要考虑指标的准确性、典型性、完整性等，主要由主观判断确定。

1. 定量指标的处理及分析

不同的定量指标，具有不同的属性值。由于各个指标所代表的物理含义均不相同，因此其量纲也各有不同，在进行计算之前，应先将指标参数的初始值进行无量纲化处理，使其取值均在[0, 1]范围内变动。

本章提出的评价体系中的指标有两种类型，即正指标型和负指标型。用 $U_i(i=1, 2)$ 分别代表上述两种评价指标集，对于 U 中的 n 个指标来说，通常可分为以下两个子集，如公式(4-1)所示。

$$U=\sum_{i=1}^{n}U_i(i=1, 2), U_1\cap U_2=\varnothing \tag{4-1}$$

对于评价指标 $U_i\in U$，若假设它的论域为 $d_1=[m_i, M_i]$，其中 m_i 和 M_i 分别表示评价指标 U_i 的最小值和最大值，则采用以下两种无量纲化隶属标准化函数进行数据处理，分别如公式(4-2)、公式(4-3)所示。

1）正指标型标准化函数（$U_i\in U_1$）

$$\delta=U_{d_i}(x_i)=\begin{cases}1, & x_i\leqslant m_i\\ \dfrac{M_i-x_i}{M_i-m_i}, & x_i\in d_i\\ 0, & x_i\geqslant M_i\end{cases} \tag{4-2}$$

2）负指标型标准化函数（$U_i \in U_2$）

$$\delta = U_{d_i}(x_i) = \begin{cases} 0, & x_i \leqslant m_i \\ \dfrac{x_i - m_i}{M_i - m_i}, & x_i \in d_i \\ 1, & x_i \geqslant M_i \end{cases} \tag{4-3}$$

2. 定性指标的处理

有些指标不能通过特定方法及手段来测定其具体数值，只能定性研究，定性研究具有探索性、诊断性和预测性等特点，它并不追求精确的结论，而只是了解问题之所在，摸清情况，得出感性认识。其通常的量化方法有专家打分法、模糊信息处理方法、层次分析法等。但至今为止，并没有公认的统一解决方法。

对于医院建设交通组织合理性的评价，应从交通组织的实际出发，采用评价等级（好，较好，一般，较差，差）隶属度的量化方法。其主要原理如下：设 U_i 为所选的评价指标，则 U_i 相对于指标集 A = {好，较好，一般，较差，差}的隶属度向量为 r_i。采用层次分析法来确定 $\boldsymbol{r}_i$ 的取值，即 $\boldsymbol{r}_i = (r_{i1}, r_{i2}, r_{i3}, r_{i4}, r_{i5})$。设 $\boldsymbol{B} = (B_1, B_2, B_3, B_4, B_5)^{\mathrm{T}} \cdot B_j$ 表示第 j 级评价相对应的评判尺度，通过尺度集可将模糊变量的隶属度向量综合为一个标量，$\boldsymbol{V} = \boldsymbol{r}_1 \cdot \boldsymbol{B}$ 即为定性评价指标在给定尺度 B 下的量化值。

4.2.3 指标权重的计算方法

确定评价指标的权重是多目标决策的一个重要环节，它是在评价过程中各指标不同重要程度的反映，是评估问题中指标相对重要程度的一种主观评价和客观反映的综合度量。指标权重的赋值是否准确、合理，会对整个评价结果产生很大的影响，因此，权重的赋值必须具有科学合理性和客观性。基于此，首先是寻求合适的权重确定方法。

目前关于指标权重的确定方法较多，每种方法都有各自的优点和适用对象，并在各种求解问题中得到了广泛的应用。这些方法主要有两大类，①主观赋权评估法：主要采取定性的评估方法，由权威专家根据经验进行主观判断而得到权重，再对指标进行综合评估，如层次分析法、专家调查法、最小平方法等；②客观赋权评估法：根据历史的数据来研究指标之间的相关关系，或指标与评估结果的关系来进行综合评估，如最大熵技术法、主成分分析法、均方差法等。

常用的客观赋权评估法的原始数据来自评价矩阵的实际数据，这样就使得权重系数具有绝对的客观性，这类方法的突出优点是权重系数客观性强，但没有考虑到专家的经验以及决策者的主观意愿且计算方法比较复杂，最后得出的结果可能会与各属性的实际重要程度相悖，难以给出明确的解释。

本章将主客观评估法结合起来，综合采用模糊层次分析法的主观评估法和均方差的客观评估法，来确定各评价指标的权重。

1. 模糊层次分析法

采用模糊层次分析法(fuzzy analytic hierarchy process)计算不同层次指标因素的权重向量能够将传统的层次分析法扩充到模糊环境中，改进了传统的层次分析法存在的问题，提高了决策的可靠性，使其更符合客观实际和思维过程，降低了主观因素对评价结果的影响。

2. 均方差法

基于均方差确定指标权重的评价结果较为客观和稳定，因为这种客观赋权法的原始数据来源于评价矩阵的实际数据，突出优点是权重系数客观性可以得到较大程度的保证。

由均方差法确定指标权重的基本原理是：如果某指标对所有方案样本得到的数据都没有差别，则说明该指标对方案的决策无显著性作用，可以忽略该指标的影响，即将该指标的权重赋值为 0；反之，如果某一指标对所有方案样本得到的数据差别较大，则说明该指标对方案的决策起了很大的作用，相应的权重赋值也较大。各个指标的相对权重大小主要取决于在该指标下各样本(或方案)数据的相对离散程度。在某指标下数值的离散程度越大，表明该指标的权重越大；若在某指标下数值的离散程度很小，则表明该指标的权重也越小。

基于均方差法确定指标权重的具体过程如下：

设指标集为 $G=\{G_1, G_2, \cdots, G_m\}$，方案集为 $A=\{A_1, A_2, \cdots, A_n\}$，对应样本点为 X_{ij}，$i=1, 2, \cdots, n$；$j=1, 2, \cdots, m$。评价指标权向量为 $\boldsymbol{W}=(w_1, w_2, \cdots, w_m)^{\mathrm{T}}$，且 $\sum w_i=1$。

对原始的数据矩阵 $\boldsymbol{X}=[X_{ij}]$，$i=1, 2, \cdots, n$；$j=1, 2, \cdots, m$ 进行无量纲化或标准化处理，一般采用极值法无量纲化法来计算。如公式(4-4)～公式(4-8)所示。

对正指标有：

$$Z_{ij}=\frac{X_{ij}-\min\{X_{ij}\}}{\max\{X_{ij}\}-\min\{X_{ij}\}} \tag{4-4}$$

对负指标有：

$$Z_{ij}=\frac{\max\{X_{ij}\}-X_{ij}}{\max\{X_{ij}\}-\min\{X_{ij}\}} \tag{4-5}$$

将矩阵 $\boldsymbol{X}=[X_{ij}]$转化为矩阵$\boldsymbol{Z}=[Z_{ij}]$。

随机变量的均值 $\bar{z}_j$ 为：

$$\bar{z}_j=\frac{1}{n}\sum_{i=1}^{n}z_{ij} \tag{4-6}$$

指标 G_j 的均方差$\sigma(G_j)$为：

$$\sigma(G_j)=\sqrt{\frac{\sum_{i=1}^{n}(z_{ij}-\bar{z}_j)^2}{n}} \tag{4-7}$$

则指标 G_j 的权重 W_j 为：

$$W_j=\frac{\sigma(G_j)}{\sum_{j=1}^{m}\sigma(G_j)} \tag{4-8}$$

可得评价指标权向量为$\boldsymbol{W}=(w_1, w_2, w_3, w_m)^{\mathrm{T}}$。

4.2.4 定性与定量指标的等级划分

综合两种主客观赋权法的优缺点，本章采用模糊层次分析法与均方差法综合权重确定的方法，这样可以弥补各自的不足。评价指标的综合权重计算公式为：

$$\delta_i=\alpha l_i+(1-\alpha)w_i \tag{4-9}$$

式中，α 为可变系数，取值范围 $0\leqslant\alpha\leqslant1$。评价综合权重随着 α 取值的不同而改变，其中当 α 取特殊值 0 和 1 时，分别表示均方差法和模糊层次分析法的计算权重结果。根据相关的研究及适用情况，本章计算综合权重时，取 $\alpha=0.5$。

4.3 交通组织合理性计算方法

4.3.1 影响因素集的确定

通过对医院改扩建期间内外部交通特性的分析，可以得到交通组织影响因素集主要包括以下几方面：

(1) 静态停车指标。主要包括停车位供给度、停车位距在建建筑物距离和可用时长。

(2) 内部交通干扰指标。主要包括时间上重叠率、空间上重叠率、穿越路口、噪声和振动。

(3) 外部运输路线指标。主要包括行驶速度、交通信号灯数量和充电耗时。

(4) 出入口指标。主要包括道路服务水平等级、转弯半径、宽度和出入口坡度。

(5) 驶入院区的交通指标。主要包括材料面积供给率、设备卸货至建筑物入口距离和商混车等待时间。

(6) 驶出院区的交通指标。主要包括泥头车数量满足率、装载平台满足率和院区内行驶时间。

在对医院改扩建交通组织方案的合理性进行评价时，参考相关的标准规范，将各评价指标划分为五个等级。语言型模糊评价集为：Q = {好、较好、一般、较差、差}。评价指标的等级划分如表 4-1～表 4-6 所示。

表 4-1　静态停车指标与等级划分

指标名称	指标等级标准值				
	1	2	3	4	5
停车位供给度(%)	>80	70～80	50～70	30～50	<30
停车位距在建建筑物距离(m)	<100	100～200	200～300	300～500	>500
可用时长(天)	>365	200～365	150～200	100～150	<100

表 4-2　内部交通干扰指标与等级划分

指标名称	指标等级标准值				
	1	2	3	4	5
时间上重叠率(%)	0	0～10	10～30	30～50	>50
空间上重叠率(%)	0	0～10	10～30	30～50	>50
穿越路口	0	1	2	3	≥4
噪声(dB)	<20	20～25	25～30	30～40	>40
振动	极轻微	轻微	一般	明显	强烈无法忍受

表 4-3 外部运输路线指标与等级划分

指标名称	指标等级标准值				
	1	2	3	4	5
行驶速度(km・h^{-1})	>50	45～50	40～45	30～40	<30
交通信号灯数量(个)	0	1	2～3	3～5	>5
充电耗时(h)	<2	2～2.5	2.5～3.0	3.0～3.5	>3.5

表 4-4 出入口指标与等级划分

指标名称	指标等级标准值				
	1	2	3	4	5
道路服务水平等级	A	B	C	D	E
转弯半径(m)	>20	18～20	13～18	12～16	<12
宽度(m)	>8	7～8	6～7	5.5～6	<5.5
出入口坡度(%)	<1.5	1.5～2.0	2.0～2.5	2.5～3.0	>3.0

表 4-5 驶入院区的交通指标与等级划分

指标名称	指标等级标准值				
	1	2	3	4	5
材料面积供给率(%)	>90	80～90	60～80	40～60	<40
设备卸货至建筑物入口距离(m)	<10	10～30	30～60	60～100	>100
商混车等待时间(min)	<5	5～10	10～15	15～20	>20

表 4-6 驶出院区的交通指标与等级划分

指标名称	指标等级标准值				
	1	2	3	4	5
泥头车数量满足率(%)	>90	80～90	60～80	50～60	<50
装载平台满足率(%)	>90	80～90	60～80	50～60	<50
院区内行驶时间(min)	<3	3～5	5～8	8～10	>10

对各指标的初始值进行量化处理，使其数值均位于[0, 1]范围之内，以便于后续的计算。

根据表 4-1～表 4-6 列出的评价指标等级划分，含有 21 项评价指标，主要由以下 6 个评价指标构成：静态停车指标 S_1^r、内部交通干扰指标 S_2^r、外部运输路线指标 S_3^r、出入口指标 S_4^r、驶入院区的交通指标 S_5^r、驶出院区的交通指标 S_6^r，即 $S^r = \{S_1^r, S_2^r, S_3^r, S_4^r, S_5^r, S_6^r\}$。

静态停车指标集包括：停车位供给度 S_{11}^r、停车位距在建建筑物距离 S_{12}^r、可用时长 S_{13}^r，$S_1^r = \{S_{11}^r, S_{12}^r, S_{13}^r\}$。

内部交通干扰指标集包括：时间上重叠率 S_{21}^r、空间上重叠率 S_{22}^r、穿越路口 S_{23}^r、噪声 S_{24}^r、振动 S_{25}^r，$S_2^r = \{S_{21}^r, S_{22}^r, S_{23}^r, S_{24}^r, S_{25}^r\}$。

外部运输路线指标集包括：行驶速度 S_{31}^r、交通信号灯数量 S_{32}^r、充电耗时 S_{33}^r，$S_3^r = \{S_{31}^r, S_{32}^r, S_{33}^r\}$。

出入口指标集包括：道路服务水平等级 S_{41}^r、转弯半径 S_{42}^r、宽度 S_{43}^r、出入口坡度 S_{44}^r，$S_4^r = \{S_{41}^r, S_{42}^r, S_{43}^r, S_{44}^r\}$。

驶入院区的交通指标集包括：材料面积供给率 S_{51}^r、设备卸货至建筑物入口距离 S_{52}^r、商混车等待时间 S_{53}^r，$S_5^r = \{S_{51}^r, S_{52}^r, S_{53}^r\}$。

驶出院区的交通指标集包括：泥头车数量满足率 S_{61}^r、装载平台满足率 S_{62}^r、院区内行驶时间 S_{63}^r，$S_6^r = \{S_{61}^r, S_{62}^r, S_{63}^r\}$。

4.3.2　计算指标权重集

首先采用 1～9 标度法构造判断矩阵，计算判断矩阵的特征根、最大特征根 $\lambda_{\max}$ 和对应的权重集，然后进行一致性检验。

计算一级指标包括：静态停车指标、内部交通干扰指标、外部运输路线指标、出入口指标、驶入院区及驶出院区的交通指标。这些指标的模糊层次分析法指标权重集 $L_i^r = (L_1, L_2, \cdots, L_M)^{\mathrm{T}}$、均方差法指标权重集 $W_i^r = (w_1, w_2, \cdots, w_m)^{\mathrm{T}}$ 和综合指标权重 δ_i^r 的计算如下。

1. 模糊层次分析法指标权重集 L_i^r 的计算

$$A = \begin{bmatrix} a_{11} & a_{12} & a_{13} & a_{14} & a_{15} & a_{16} \\ a_{21} & a_{22} & a_{23} & a_{24} & a_{25} & a_{26} \\ a_{31} & a_{32} & a_{33} & a_{34} & a_{35} & a_{36} \\ a_{41} & a_{42} & a_{43} & a_{44} & a_{45} & a_{46} \\ a_{51} & a_{52} & a_{53} & a_{54} & a_{55} & a_{56} \\ a_{61} & a_{62} & a_{63} & a_{64} & a_{65} & a_{66} \end{bmatrix} = \begin{bmatrix} 1 & 1 & 1/2 & 1/4 & 1/3 & 1/5 \\ 1 & 1 & 2 & 1/2 & 1 & 1/3 \\ 2 & 1/2 & 1 & 1/3 & 1/2 & 1 \\ 4 & 2 & 3 & 1 & 2 & 3 \\ 3 & 1 & 2 & 1/2 & 1 & 1/2 \\ 5 & 3 & 1 & 1/3 & 2 & 1 \end{bmatrix}$$

进行列的归一变换后得到的结果为：

$$\boldsymbol{A}=\begin{bmatrix}0.0625 & 0.1176 & 0.0526 & 0.0857 & 0.0488 & 0.0331\\0.0625 & 0.1176 & 0.2105 & 0.1714 & 0.1463 & 0.0552\\0.1250 & 0.0588 & 0.1053 & 0.1143 & 0.0732 & 0.1657\\0.2500 & 0.2353 & 0.3158 & 0.3429 & 0.2927 & 0.4972\\0.1875 & 0.1176 & 0.2105 & 0.1714 & 0.1463 & 0.0829\\0.3125 & 0.3529 & 0.1053 & 0.1143 & 0.2927 & 0.1657\end{bmatrix}$$

式中，a_{ij}——第 i 个方案在第 j 个准则下的模糊评价值。

对每一行进行求和计算得到：

$$\boldsymbol{A}=\begin{bmatrix}0.4004\\0.7637\\0.6423\\1.9339\\0.9163\\1.3434\end{bmatrix}\Rightarrow\begin{bmatrix}0.0667\\0.1273\\0.1071\\0.3223\\0.1527\\0.2239\end{bmatrix}$$

因此得到模糊层次分析法指标权重集为：

$$L_i^r=(0.0667,\ 0.1273,\ 0.1071,\ 0.3223,\ 0.1527,\ 0.2239)^{\mathrm{T}}$$

然后计算判断矩阵的特征根：

$$\boldsymbol{AW}=\begin{bmatrix}1 & 1 & 1/2 & 1/4 & 1/3 & 1/5\\1 & 1 & 2 & 1/2 & 1 & 1/3\\2 & 1/2 & 1 & 1/3 & 1/2 & 1\\4 & 2 & 3 & 1 & 2 & 3\\3 & 1 & 2 & 1/2 & 1 & 1/2\\5 & 3 & 1 & 1/3 & 2 & 1\end{bmatrix}\cdot\begin{bmatrix}0.0667\\0.1273\\0.1071\\0.3223\\0.1527\\0.2239\end{bmatrix}=\begin{bmatrix}0.4238\\0.7966\\0.7119\\2.1421\\0.9674\\1.4593\end{bmatrix}$$

计算最大特征根为：

$$\lambda_{\max}=\frac{1}{n}\sum_{i=1}^{n}\frac{(\boldsymbol{A}\cdot\boldsymbol{W})_i}{\omega_i}$$

$$CI=\frac{\lambda_{\max}-n}{n-1}=0.0919$$

最后进行一致性检验，取 $RI=1.26$，

$$CR=\frac{CI}{RI}=\frac{0.0919}{1.26}=0.0729<0.1$$

式中，n——比较的指标或因素的数量；

W_i——第 i 个指标的权重；

CI——一致性指标，用于衡量判断矩阵的一致性程度；

RI——随机一致性指标，是基于随机判断矩阵的平均一致性指标；

CR——表示一致性比率，用于判断判断矩阵的一致性是否可接受。

因此，可以认为权重值是可以接受的。静态停车指标、内部交通干扰指标、外部运输路线指标、出入口指标、驶入院区的交通指标及驶出院区的交通指标六项指标的权重系数 l_1，l_2，l_3，l_4，l_5，l_6 分别为：0.066 7、0.127 3、0.107 1、0.322 3、0.152 7、0.223 9。

2. 均方差法权重 W_i^r 的计算

$$\boldsymbol{X}=\begin{bmatrix} x_{11} & x_{12} & x_{13} & x_{14} & x_{15} & x_{16} \\ x_{21} & x_{22} & x_{23} & x_{24} & x_{25} & x_{26} \\ x_{31} & x_{32} & x_{33} & x_{34} & x_{35} & x_{36} \\ x_{41} & x_{42} & x_{43} & x_{44} & x_{45} & x_{46} \\ x_{51} & x_{52} & x_{53} & x_{54} & x_{55} & x_{56} \\ x_{61} & x_{62} & x_{63} & x_{64} & x_{65} & x_{66} \end{bmatrix}=\begin{bmatrix} 1 & 1 & 1/2 & 1/4 & 1/3 & 1/5 \\ 1 & 1 & 2 & 1/2 & 1 & 1/3 \\ 2 & 1/2 & 1 & 1/3 & 1/2 & 1 \\ 4 & 2 & 3 & 1 & 2 & 3 \\ 3 & 1 & 2 & 1/2 & 1 & 1/2 \\ 5 & 3 & 1 & 1/3 & 2 & 1 \end{bmatrix}$$

式中，X——原始数据矩阵，表示各个决策方案在不同评价准则下的相对表现或评价值；

x_{ij}——第 i 个方案在第 j 个准则下的模糊评价值。

经过无量纲化得到：

$$\boldsymbol{Z}_{ij}=\begin{bmatrix} 0.1667 & 0.1667 & 0.0625 & 0.0104 & 0.0278 & 0.000 \\ 0.1667 & 0.1667 & 0.3750 & 0.0625 & 0.1667 & 0.0278 \\ 0.3750 & 0.0625 & 0.1667 & 0.0278 & 0.0625 & 0.1667 \\ 0.7917 & 0.3750 & 0.5833 & 0.1667 & 0.3750 & 0.5833 \\ 0.5833 & 0.1667 & 0.3750 & 0.0625 & 0.1667 & 0.0625 \\ 1.000 & 0.5833 & 0.1667 & 0.0278 & 0.3750 & 0.1667 \end{bmatrix}$$

由公式(4-6)计算得到随机变量均值 $\bar{z}_j$ 为

$$\bar{z}_j=(0.513\,9,\ 0.253\,5,\ 0.288\,2,\ 0.059\,6,\ 0.195\,6,\ 0.167\,8)$$

由公式(4-7)计算得到指标 G_j 的均方差 $\sigma(G_j)$ 为

$$\sigma(G_j)=(0.340\,2,\ 0.191\,1,\ 0.191\,1,\ 0.056\,4,\ 0.149\,6,\ 0.215\,2)$$

由公式(4-8)计算得到指标 G_j 的权重 W_j 为

$$W_j=(0.297\,5,\ 0.167\,1,\ 0.167\,1,\ 0.049\,3,\ 0.130\,8,\ 0.188\,1)$$

因此,采用均方差法得到静态停车指标、内部交通干扰指标、外部运输路线指标、出入口指标、驶入院区及驶出院区的交通指标六项指标的权重系数 w_1, w_2, w_3, w_4, w_5, w_6 分别为:0.297 5、0.167 1、0.167 1、0.049 3、0.130 8、0.188 1。

3. 评价指标综合权重的计算

按公式(4-9)计算评价指标的综合权重 δ_i^r,如表 4-7 所示。

表 4-7　一级指标的综合权重

层次	各评价层对应的归一化权重					
S^r	S_1^r	S_2^r	S_3^r	S_4^r	S_5^r	S_6^r
L_i^r	0.066 7	0.127 3	0.107 1	0.322 3	0.152 7	0.223 9
W_i^r	0.297 5	0.167 1	0.167 1	0.049 3	0.130 8	0.188 1
综合权重	0.182 1	0.147 2	0.137 1	0.185 8	0.141 8	0.206 0

同理计算各二级指标的权重,计算结果如表 4-8 所示。

表 4-8　二级指标的综合权重

各评价层对应的归一化 FAHP 权重 L_{1j}^r			综合权重计算结果		
S_{11}^r	0.078 8	$CR=0.036\,1<0.1$ 符合检验	0.182 1	S_{11}^r	0.048 4
S_{12}^r	0.024 5			S_{12}^r	0.041 6
S_{13}^r	0.039 5			S_{13}^r	0.053 0
S_{21}^r	0.017 6	$CR=0.024\,1<0.1$ 符合检验	0.147 2	S_{21}^r	0.064 5
S_{22}^r	0.086 4			S_{22}^r	0.052 9
S_{23}^r	0.055 8			S_{23}^r	0.047 0

（续表）

各评价层对应的归一化 FAHP 权重 L_{1j}^{r}			综合权重计算结果		
S_{24}^{r}	0.035 9	$CR=0.024\ 1<0.1$ 符合检验	0.147 2	S_{24}^{r}	0.058 1
S_{25}^{r}	0.042 3			S_{25}^{r}	0.067 6
S_{31}^{r}	0.077 0	$CR=0.009\ 9<0.1$ 符合检验	0.137 1	S_{31}^{r}	0.047 7
S_{32}^{r}	0.042 5			S_{32}^{r}	0.039 3
S_{33}^{r}	0.023 4			S_{33}^{r}	0.041 0
S_{41}^{r}	0.068 9	$CR=0.038\ 3<0.1$ 符合检验	0.185 8	S_{41}^{r}	0.046 2
S_{42}^{r}	0.022 9			S_{42}^{r}	0.043 8
S_{43}^{r}	0.054 5			S_{43}^{r}	0.052 7
S_{44}^{r}	0.044 2			S_{44}^{r}	0.041 4
S_{51}^{r}	0.024 6	$CR=0.025\ 2<0.1$ 符合检验	0.141 8	S_{51}^{r}	0.041 6
S_{52}^{r}	0.074 8			S_{52}^{r}	0.046 6
S_{53}^{r}	0.043 5			S_{53}^{r}	0.047 1
S_{61}^{r}	0.071 4	$CR=0.019\ 2<0.1$ 符合检验	0.206 0	S_{61}^{r}	0.045 3
S_{62}^{r}	0.035 7			S_{62}^{r}	0.037 0
S_{63}^{r}	0.035 7			S_{63}^{r}	0.037 0

4.3.3　云模型理论方法

云模型是由李德毅院士提出的处理定性概念与定量描述的不确定转换模型。云模型反映了自然语言中概念的不确定性，刻画了语言值中存在的随机性、模糊性以及两者之间的关联性。利用云模型来反映综合评判过程，可实现定性与定量之间的转换，使整个综合评判方法更加科学合理。

在云模型计算中，概念的整体特性可以用期望 E_x、熵 E_n、超熵 H_e 这 3 个云的数字特征来表示，记为 $C(E_x, E_n, H_e)$。期望 E_x 表示论域空间最具代表性的定性概念，反映了论域空间的中心值；熵 E_n 是定性概念模糊性和随机性的综合度量，一方面反映了论域空间中可被定性概念接受的云滴的取值范围，另一方面又反映了云滴的离散程度；超熵 H_e 描述熵的不确定性度量，反映了论域空间中云滴的凝聚程度，超熵 H_e 越大，表明云滴的厚度越大。利用这 3 个特征值，借助 MATLAB 可以生成云模型进行计算。进行医院改扩建交通组织方案合理性评价时，将每一个指标的稳定性级别作为一个自然语言的概念，根据各评价指标标准集生成对应等级的云数字特征。

各评价指标均有上下界，因此其云数字特征可用公式(4-10)计算得到。

$$\begin{cases} E_x = (X_{\min} + X_{\max})/2 \\ E_n = (X_{\max} - X_{\min})/6 \\ H_e = k \end{cases} \tag{4-10}$$

式中，$X_{\min}$——指标的下界；

$X_{\max}$——指标的上界；

k——常数，根据指标的模糊程度选取。

4.3.4 医院改扩建交通组织方案评价模型

医院改扩建交通组织方案评价的一级评价指标有 6 项，即静态停车指标、内部交通干扰指标、外部运输路线指标、出入口指标、驶入院区及驶出院区的交通指标；对应的二级评价指标有停车位供给度、停车位距在建建筑物距离、可用时长、时间上重叠率、空间上重叠率、穿越路口、噪声和振动等 21 项。将交通组织方案的合理性分为 5 个等级，即好(1 级)、较好(2 级)、一般(3 级)、较差(4 级)、差(5 级)。交通组织方案合理性指标及分级如表 4-9 所示。云模型计算中各等级的数字特征值如表 4-10 所示，其中，a、b、c、d、e 分别代表指标所属交通组织方案合理性等级的边界值。

表 4-9　交通组织方案合理性评价指标分类标准

一级指标	二级指标	好(1 级)	较好(2 级)	一般(3 级)	较差(4 级)	差(5 级)
静态停车指标	停车位供给度(%)	>80	70～80	50～70	30～50	<30
	停车位距在建建筑物距离(m)	<100	100～200	200～300	300～500	>500
	可用时长(天)	>365	200～365	150～200	100～150	<100
内部交通干扰指标	时间上重叠率(%)	0	0～10	10～30	30～50	>50
	空间上重叠率(%)	0	0～10	10～30	30～50	>50
	穿越路口	0	1	2	3	≥4
	噪声(dB)	<20	20～25	25～30	30～40	>40
	振动	(0, 1]	(1, 2]	(2, 3]	(3, 4]	(4, 5]
外部运输路线指标	行驶速度(km・h^{-1})	>50	45～50	40～45	30～40	<30
	交通信号灯数量(个)	0	1	2～3	3～5	>5
	充电耗时(h)	<2	2～2.5	2.5～3.0	3.0～3.5	>3.5

(续表)

一级指标	二级指标	好(1 级)	较好(2 级)	一般(3 级)	较差(4 级)	差(5 级)
出入口指标	道路服务水平等级	A	B	C	D	E
	转弯半径(m)	>20	18~20	16~18	12~16	<12
	宽度(m)	>8	7~8	6~7	5.5~6	<5.5
	出入口坡度(%)	<1.5	1.5~2.0	2.0~2.5	2.5~3.0	>3.0
驶入院区的交通指标	材料面积供给率(%)	>90	80~90	60~80	40~60	<40
	设备卸货至建筑物入口距离(m)	<10	10~30	30~60	60~100	>100
	商混车等待时间(min)	<5	5~10	10~15	15~20	>20
驶出院区的交通指标	泥头车数量满足率(%)	>90	80~90	60~80	50~60	<50
	装载平台满足率(%)	>90	80~90	60~80	50~60	<50
	院区内行驶时间(min)	<3	3~5	5~8	8~10	>10

表 4-10　云模型中的数字特征值

交通组织合理性等级	期望 E_x	熵 E_n	超熵 H_e
1 级	$E_{x1}=0$	$E_{n1}=(a+b)/6$	$H_{e1}=0.01$
2 级	$E_{x2}=(a+b)/2$	$E_{n2}=(E_{x2}-E_{x1})/3$	$H_{e2}=0.01$
3 级	$E_{x3}=(b+c)/2$	$E_{n3}=(E_{x3}-E_{x2})/3$	$H_{e3}=0.01$
4 级	$E_{x4}=(c+d)/2$	$E_{n4}=(E_{x4}-E_{x3})/3$	$H_{e4}=0.01$
5 级	$E_{x5}=(d+e)/2$	$E_{n5}=(E_{x5}-E_{x4})/3$	$H_{e5}=0.01$

云模型是云的具体实现方法，是云模型计算的基础。由定性概念到定量表示的过程，也就是由云的数字特征产生云滴的具体实现，称为正向云发生器。其中正向正态云发生器是运用较多的一类，它是从定性到定量的映射。输入的参数是数字特征(E_x, E_n, H_e)以及需要生成云滴的个数 n，输出的是 n 个云滴及其隶属度。在本章中，隶属度即各个指标属于交通组织方案合理性等级的程度，用 $drop(x_i, u_i)$表示，$i=1, 2, \cdots, n$；x_i 为各个指标的具体数值，u_i 为隶属度。正向正态云的计算步骤为：

(1) 生成以 E_n 为期望值，H_e^2 为方差的一个正态随机数 $E'_{ni}=NORM(E_n, H_e^2)$；

(2) 生成以 E_x 为期望值，E'^2_{ni} 为方差的一个正态随机数 $X_i=NORM(E_x, E'^2_{ni})$；

(3) 计算 $u_i=\exp\left[\dfrac{-(x_i-E_x)^2}{(2E'^2_{ni})}\right]$；

（4）生成一个隶属度为 u_i 的 x_i 云滴；

（5）重复步骤（1）～（4），直至生成需要的 n 个云滴，完成正态云模型。

医院改扩建交通组织方案合理性评价云模型数字特征确定后，运用正向正态云发生器，将评价体系的 21 个指标生成相对应的云模型。选用的云模型计算中 $n=3\,000$，即每个指标在每个交通组织方案合理性等级中均有 3 000 个云滴参与计算。根据计算方法，采用表 4-9、表 4-10 的参数值，生成属于各隶属度的停车位距在建建筑物距离、空间上重叠率、行驶速度、转弯半径、商混车等待时间指标的云模型，如图 4-2 所示，其他指标从略图 4-2 中，横坐标表示指标的取值，纵坐标表示云模型的隶属度。

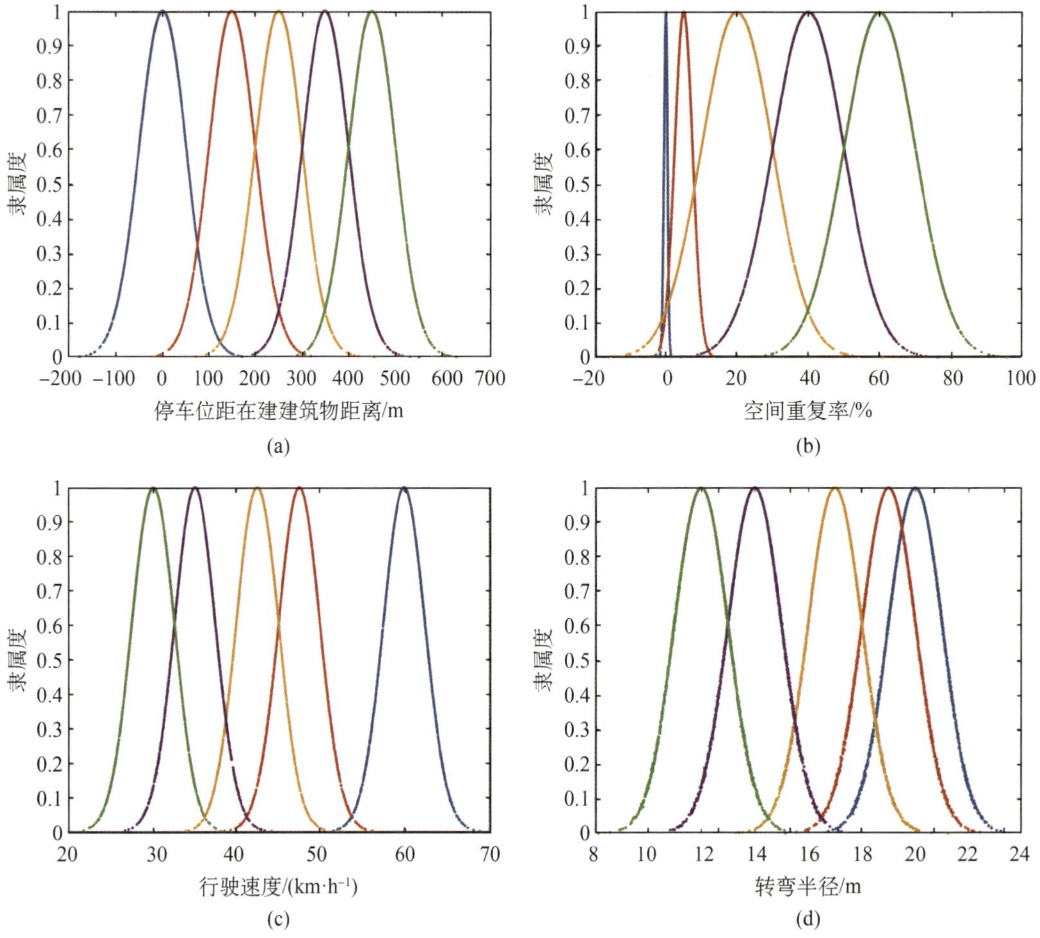

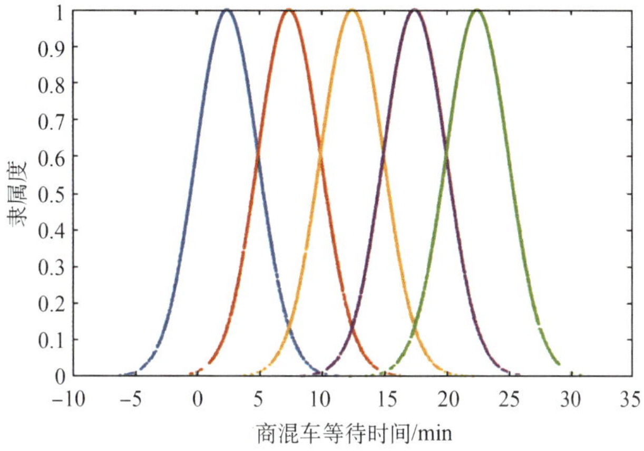

(e)

图 4-2　评价指标的云模型

利用综合权重法得到各级指标的权重，其中一级指标的综合权重为：$\delta_i=(0.1821, 0.1472, 0.1371, 0.1858, 0.1418, 0.2060)$。

二级指标的综合权重为：

$$S_1^r=(0.0484, 0.0416, 0.0530)$$

$$S_2^r=(0.0645, 0.0529, 0.0470, 0.0581, 0.0676)$$

$$S_3^r=(0.0477, 0.0393, 0.0410)$$

$$S_4^r=(0.0462, 0.0438, 0.0527, 0.0414)$$

$$S_5^r=(0.0416, 0.0466, 0.0471)$$

$$S_6^r=(0.0453, 0.0370, 0.0370)$$

结合一级指标和二级指标的权重，得到医院改扩建交通组织方案合理性评价体系中的 21 个指标的权重为：

$$D=(0.0088, 0.0076, 0.0097, 0.0095, 0.0078, 0.0069, 0.0085, 0.0100, 0.0023, 0.0019, 0.0020, 0.0086, 0.0081, 0.0098, 0.0077, 0.0059, 0.0066, 0.0067, 0.0093, 0.0076, 0.0076)$$

根据正态云发生器的算法，由公式(4-11)计算某一评价指标的隶属度。

$$u(x)=\exp\left[-\frac{(x-E_x)^2}{2(E_n)^2}\right] \tag{4-11}$$

云模型能够在定性语言与定量数值之间进行相互不确定性转换。依据样本指标确定度,结合相应的评价指标的权重,由公式(4-12)计算得到综合隶属度 Y,最后根据最大的综合隶属度值,判定交通组织方案的合理性等级。

$$Y=\sum_{i}^{m}uD_i \tag{4-12}$$

式中,m——指标总数;

u——隶属度;

D_i——评价因子的权重。

4.4 方案评价计算实例

4.4.1 交通组织方案的计算

1. 医院建设交通组织合理性评价等级的计算

交通组织方案的实例,针对市三院的交通组织方案开展。通过对市三院改扩建交通组织方案中各指标的调研,根据评价体系中的指标分类,得到的各指标的初始值如表 4-11 所示,其中将改善措施后的取值也一一列出,便于比较分析。初始值中的定性指标取值,根据表 4-11 中的指标分类标准进行量化,随后与量化指标一同做[0, 1]变换,使其值均位于[0, 1]范围之内,再与指标权重值结合,进行正态云模型的计算,即可获得交通组织方案的合理性等级。

表 4-11　评价指标取值及交通组织措施

序号	一级指标	二级指标	初始值	是否可采取改善措施	改善措施后取值
1	静态停车指标	停车位供给度(%)	73	是	83
2		停车位距在建建筑物距离(m)	80	否	80
3		可用时长(天)	305	否	305
4	内部交通干扰指标	时间上重叠率(%)	18	是	10
5		空间上重叠率(%)	29	是	18
6		穿越路口(个)	2	否	2
7		噪声(dB)	54	是	37
8		振动	轻微	否	轻微

（续表）

序号	一级指标	二级指标	初始值	是否可采取改善措施	改善措施后取值
9	外部运输路线指标	行驶速度（$km \cdot h^{-1}$）	31	是	45
10		交通信号灯数量（个）	3	否	3
11		充电耗时（h）	2	否	2
12	出入口指标	道路服务水平等级	C	是	B
13		转弯半径（m）	19	否	19
14		宽度（m）	7.5	否	7.5
15		出入口坡度（%）	1.7	否	1.7
16	驶入院区的交通指标	材料面积供给率（%）	74	是	91
17		设备卸货至建筑物入口距离（m）	53	是	33
18		商混车等待时间（min）	12	是	8
19	驶出院区的交通指标	泥头车数量满足率（%）	73	是	91
20		装载平台满足率（%）	75	是	88
21		院区内行驶时间（min）	3	是	2

通过云模型的计算，得到市三院改扩建交通组织方案评价等级为 4 级，如表 4-12 所示，即交通状况“较差”。为便于比较分析，表 4-12 中也列出交通组织改善措施后的评价等级的计算。

表 4-12　评价模型计算结果

隶属等级	综合确定度					评价等级
	U(1 级)	U(2 级)	U(3 级)	U(4 级)	U(5 级)	
初始状态	0.083	0.112	0.137	0.376	0.295	4 级
改善后	0.076	0.300	0.280	0.124	0.178	2 级

2. 原因剖析

在市三院初始状态的交通组织方案中，既有的一些改善措施还未能从根本上解决改扩建期间的交通问题。同时，因医院改扩建项目有其自身的特殊性，不合理的交通组织容易影响医院内部正常的运营及顺利施工。因此应分别从不同角度找出造成此种评价等级的原因。经详细剖析，对照评价指标体系，可发现有如下的具体原因：

（1）静态停车方面：在改扩建施工启动后，医院内部的停车压力提升，停车秩序的打乱给医院职工和就诊车辆停车带来诸多不便。因此，在改扩建医院的施工前、施工中应着重考虑并制定有效的停车资源管理措施，维持正常的停车秩序。

(2) 内部交通干扰方面：车辆在院内部的交通流线是车辆从进入院内到停车区域所经过的路线，由于医院的停车区域分布一般较为分散，车辆到达任意停车区域较为随机，各路线之间可能造成流线冲突，导致车辆进退两难，这种现象在早晚高峰期尤为严重。

(3) 外部运输路线方面：在施工建设的各个时期，不同阶段的建设任务对运输车辆的性能及道路状况要求均比较严格。由于深圳市的运输和环保要求、弃土等外界条件的限制，需制定科学合理的运输路线。

(4) 出入口方面：通过调查发现，医院门口早高峰阶段极易出现交通拥堵情况，并且持续多达几十分钟，不仅使得医院门口的局部交通暂时陷入瘫痪，严重影响患者及医院职工的入院通行，并对该路段交通的畅通造成巨大障碍。

(5) 驶入院区的交通方面：主要表现为运输车辆在进入院区时，常遇到卸货等待、材料面积供给不足等交通问题，给施工场地内部的场地布置和交通管理带来不便。

(6) 驶出院区的交通方面：主要表现为运输车辆在驶出院区时，遇到泥头车数量及装载平台不足，院区内道路状况差等交通问题，严重影响泥头车弃土作业的顺利进行。

4.4.2 交通改善措施的提出及效果评价

根据交通组织方案评价的结果，结合医院改扩建项目的实际情况，为达到内部交通流线的畅通及施工的快速便捷，需提出合理的交通组织改善方案。改善措施在工程应用上具有可实施性，是应首先予以满足的。在某一项改善措施中，可能存在对评价模型中的若干指标均有改善的效果，因此改善措施具有一定的综合性。

采取交通组织改善措施后，重新对市三院改扩建交通组织方案进行评价，各个指标的取值列于表 4-11 中，其中个别指标无法进行交通组织改善。表 4-12 中所示交通组织合理性评价的等级，交通组织方案的评价等级为 2 级，即交通组织效果“较好”，说明市三院改扩建期间交通问题得到了明显改善。

第5章　总　结

本书基于深圳市医院改扩建的特点，对医院改扩建中交通问题进行了全面深入的梳理和分析，通过问卷调查和现场勘察的方式，明晰了改扩建期间的交通组织对施工建设的影响关系，重点阐述了在改扩建期间，院区内的交通组织方案设计，并结合深圳市第三人民医院改扩建工程的实例，详细剖析了交通流线的动态变化、运输车辆的需求数量等关键交通因素。

医院就诊交通以小汽车为主，医院改扩建期间，频繁的建筑材料及设备的运输，将给医院出入口、内部正常医疗流线等造成不同程度的干扰。夜间渣土运输、停车资源、交通绕行等是医疗人员和一般就诊人员关注的主要问题。

在医院改扩建期间，主要的交通问题存在于五个方面，即停车资源欠缺、单体建筑施工期引起的干扰周期长且需要的运输车辆多、出入口易产生机动车拥堵、慢行交通受到阻断、施工场地狭窄较难合理布置，从停车位收费机制和车辆分流、优化建设时序及阶段、利用排队论计算合理的出入口设置数量、非机动车停放区域的设置及过街设施的高效利用、施工流线动态化设计等方面，提出了相应的改善对策。

在市三院改扩建中，依据时序方案比选原则确定了建设时序，即E栋→污水处理站→G栋→H栋→J栋，并通过对基坑开挖和支护、地下结构、地上结构、建筑材料运输等诸多因素的分析，明确了施工周期、主要工程量、运输车次等基础性数据，根据新建建筑与既有建筑、施工流线与医疗流线、地上建筑与地下建筑等的关系，提出了七阶段交通组织方案，确定了每个阶段的施工周期、运输出入口及院内交通流线。

为对提出的交通组织方案的合理性进行评价，提出了包含静态停车、内部交通干扰、外部运输路线、出入口、驶入院区的交通和驶出院区的交通6个一级指标，以及停车位供给度、时间上重叠率、行驶速度、道路服务水平等级、材料面积供给率、泥头车数量满足率等21个二级指标组成的指标体系，计算指标权重，利用云模型，构建了分级评价模型，以利于对交通组织方案开展量化评价。

医院改扩建期间的交通组织，应以医院改扩建工程为背景，以保障医疗正常运营和施工进度为目的，以合理化的交通组织为手段。在改扩建施工过程的展开中，还应根据施工进展、医疗环境的改变，对交通组织进行必要的动态调整，在这方面，应根据具体的改扩建项目进行针对性的研究。

参考文献

[1] 广东省人民政府.《进一步推动高水平医院建设发展的实施方案》[EB/OL].[2021-04-09]. http://www.gd.gov.cn/.

[2] 深圳市人民政府.《深圳市国民经济和社会发展第十四个五年规划和二〇三五年远景目标纲要》[EB/OL].[2021-06-09]. http://www.sz.gov.cn/.

[3] 深圳市卫生健康委员会.《深圳市医疗机构"十四五"设置规划》[EB/OL].[2023-03-16]. http://wjw.sz.gov.cn/.

[4] 深圳市卫生健康委员会.《2021 年深圳市卫生健康统计提要》[2022-06-20]. http://wjw.sz.gov.cn/.

[5] 韩宝睿,钱宁亚,朱睿童,等.分散式山地医院建筑交通组织与设计研究——以内江市第二人民医院改扩建工程为例[J].建设科技,2021(16):61-65,69.

[6] 杨斌.高层医疗综合体的交通组织关键技术研究[D].昆明:昆明理工大学,2022.

[7] 吴绪豹.基于 Amos 24.0 的三甲综合医院门诊部交通组织研究[D].合肥:安徽建筑大学,2018.

[8] Chaiseri P, Issariyarutthanon T. Project Management for the Out Patient Department Building-Planning for Hospital Design and Construction [C] // EASEC16: Proceedings of The 16th East Asian-Pacific Conference on Structural Engineering and Construction, 2019. Springer Singapore, 2021: 2149-2157.

[9] 张冲.基于物元分析的城市医院立体车库交通影响研究[D].长沙:长沙理工大学,2021.

[10] 罗力铭.紧缩用地条件下大型医院外部交通组织研究[D].广州:华南理工大学,2020.

[11] Lavikka R H, Kyrö R, Peltokorpi A, et al. Revealing change dynamics in hospital construction projects[J]. Engineering, Construction and Architectural Management, 2019, 26(9): 1946-1961.

[12] 唐大勇.大型综合医院交通组织实践与反思[J].福建建材,2021,248(12):35-39.

[13] 王晓健,尹冉,晏红霞.综合医院交通组织空间使用后评价研究:以邢台市第三医院为例[J].湖南城市学院学报(自然科学版),2021,30(4):42-48.

[14] 王蕾.医院改扩建项目设计常见问题——以博罗县某医院设计为例[J].广东土木与建筑,2021,28(7):12-14.

[15] 陈建.大型停车场动静态交通拥堵研判及调控优化[D].南京:东南大学,2021.

[16] 缪剑峰.高密度城市核心区医院扩建设计——以重庆医科大学附属第一医院第一分院改扩建为例[J].中国医院建筑与装备,2023,24(3):26-30.

[17] 吴明慧.大型综合医院改扩建项目管理的实践与思考[J].中国医院建筑与装备,2019,20(6):72-75.

[18] 荀巍,王婉馨.精细化医院设计——医院改扩建的设计策略[J].当代建筑,2022(3):20-24.

[19] 袁志,薛铁军.老城区综合医院改扩建规划设计探讨——以潍坊市人民医院改扩建项目为例[J].中国医院建筑与装备,2023,24(4):25-28.

[20] 王樾.浅析综合医院交通组织优化——以首都医科大学附属北京朝阳医院为例[J].中国医院建筑与装备,2020,21(6):77-79.

[21] 戚鑫.上海大型医院的改扩建设计思考[J].建筑实践,2022(1):163-165.

[22] Putri M N, Hasan A. The risk analysis of andalas university hospital construction project[C]//MATEC Web of Conferences. EDP Sciences, 2018, 215: 01033.

[23] 杨春.中心城区医院周边道路交通疏堵研究[J].市政技术,2021,39(8):30-33.

[24] 薛峥,王玉,赵珂.中心城区大型医院周边交通组织优化探讨[J].市政技术,2019,37(5):51-54.

[25] 尹冉.医院交通组织评价与优化研究[D].邯郸:河北工程大学,2021.

[26] 赵全德.医院改扩建项目管理流程的优化研究[J].现代商贸工业,2023,44(2):263-265.

[27] 易蕊.综合医院扩建整合优化设计研究[D].长沙:中南大学,2013.

[28] 刘瑞平.深圳市大型综合医院交通设计实践和研究[J].城市建筑,2021,18(24):131-134.

[29] 余雷.医院老旧院区改扩建总体规划设计思路探索[J].中国医院建筑与装备,2020,

21(11):58-60.

[30] 王云云,陈荣荣,付波飞.医院周边道路交通问题分析及改善对策[J].交通与运输,2020,36(6):5-8.

[31] 陈国亮,刘玉龙,张远平,等.既有医疗建筑品质提升[J].当代建筑,2022(3):6-12.

[32] 房群.房地产项目施工工期对环境影响的研究与分析[J].建筑技术开发,2017,44(23):89-90.

[33] 肖蓓薇.市政道路工程建设中的绿色施工环境保护措施[J].黑龙江科学,2020,11(14):132-133.

[34] 赵军舰.河北省公路交通情况调查与应用技术研究[D].西安:长安大学,2017.

[35] 陈庆华.大学生课堂投入度现状调查与教育建议——基于497份问卷数据分析[J].阜阳职业技术学院学报,2019,30(4):30-33.

[36] 李会平.交通数据填补和可预测性分析的方法及应用研究[D].北京:清华大学,2021.

[37] 段征宇,余荣杰,李玮峰.交通数据分析与应用研究生课程教学的思考与探索[J].教育教学论坛,2020,471(25):200-202.

[38] Long T, Rigour J M. Reliability and validity in qualitative research[J]. Clinical Effectiveness in Nursing, 2000, 4(1): 30-37.

[39] Maxwell J A. Understanding and validity in qualitative research[J]. Harvard Educational Review, 1992, 62(3): 279-301.

[40] Noble H, Smith J. Issues of validity and reliability in qualitative research[J]. Evidence-Based Nursing, 2015, 18(2): 34-35.

[41] 李灿,辛玲.调查问卷的信度与效度的评价方法研究[J].中国卫生统计,2008,25(5):541-544.

[42] 蒋小花,沈卓之,张楠楠,等.问卷的信度和效度分析[J].现代预防医学,2010,37(3):429-431.

[43] 廖钦.论医院交通组织优化策略——以某大型民营综合医院为例[J].中国医院建筑与装备,2021,22(9):57-60.

[44] 张建明.综合医院交通组织优化策略研究[D].苏州:苏州科技大学,2020.

[45] 白依鑫.深圳市超大型综合医院院区规划设计研究[D].深圳:深圳大学,2019.

[46] 石婧.基于流线组织的深圳综合医院公共空间改扩建设计策略[D].哈尔滨:哈尔滨工

业大学,2018.

[47] 冉越.医院周边慢行交通设施配置研究[D].北京:北京建筑大学,2021.

[48] 曲泽鹏.城市慢行交通发展问题和对策研究[J].物流科技,2023,46(2):92-94.

[49] 深圳市市场监督管理局.《全密闭式智能重型自卸车技术规范》.[2018-03-05].http://sz.gov.cn/.

[50] 住房和城乡建设部.《城市步行和自行车交通系统规划标准》.[2021-10-01].http://www.mohurd.gov.cn/.

[51] 深圳市规划和自然局.《深圳市城市规划标准与准则》(2021 年修订汇总版).[2022-08-11].http://pnr.sz.gov.cn/.

[52] 任福田,刘小明,孙立山,等.交通工程学[M].北京:人民交通出版社,2017.

[53] 李德毅,杜鹢.不确定性人工智能[M].北京:国防工业出版社,2005.

[54] 孟云伟.基于云模型的避险车道位置选择[J].武汉理工大学学报(交通科学与工程版),2017,41(5):725-729.

[55] 冯树民.交通系统工程[M].北京:知识产权出版社,2009.

[56] 彭其渊,蒋朝哲,文超,等.交通运输系统工程[M].西安:西安交通大学出版社,2018.

[57] 王振军.交通运输系统工程[M].南京:东南大学出版社,2017.

[58] 刘慧,张立杰.数值分析[M].北京:北京理工大学出版社,2017.

[59] 张平文,李铁军.数值分析[M].北京:北京大学出版社,2017.